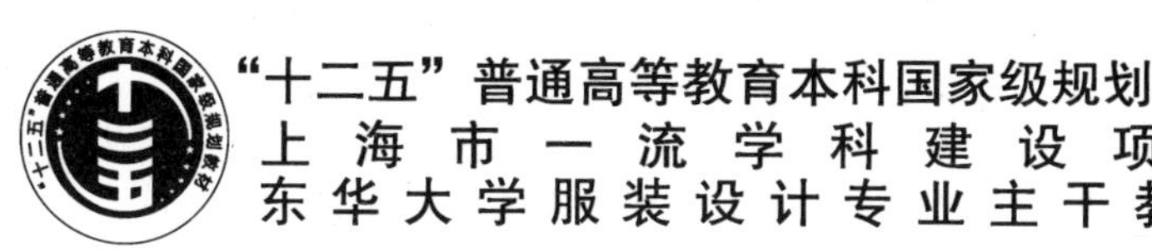

FASHION DESIGN 服装设计——2

女装设计

（第 2 版）

顾 雯 刘晓刚 编著

東華大學出版社
·上海·

图书在版编目(CIP)数据

女装设计／顾雯,刘晓刚编著. —2版. —上海: 东华大学出版社,2015.6

(服装设计:2)

ISBN 978-7-5669-0787-5

Ⅰ.①女… Ⅱ.①顾…②刘… Ⅲ.①女服—服装设计 Ⅳ.①TS941.717

中国版本图书馆CIP数据核字(2015)第107308号

责任编辑　徐建红　吴川灵

封面设计　Callen

东华大学服装设计专业主干教材

服装设计2:女装设计(第2版)

FUZHUANG SHEJI 2: NÜZHUANG SHEJI

顾　雯　刘晓刚　编著

出　　版: 东华大学出版社(地址:上海市延安西路1882号　邮政编码:200051)

本社网址: http://www.dhupress.net

天猫旗舰店: http://dhdx.tmall.com

营销中心: 021-62193056　62373056　62379558

电子邮箱: 425055486@qq.com

印　　刷: 苏州望电印刷有限公司

开　　本: 787 mm×1092 mm　1/16

印　　张: 12.75

字　　数: 390千字

版　　次: 2015年6月第2版

印　　次: 2015年6月第1次印刷

书　　号: ISBN 978-7-5669-0787-5/TS·612

定　　价: 38.00元

前　言

“服装设计1—6”是素以纺织服装学科著称的东华大学通过长年教学实践经验积累而形成的服装设计专业本科生系列主干课程，分为“服装设计概论”“男装设计”“女装设计”“童装设计”“专项服装设计”“服装设计实务”6门既相对独立又前后贯通的系列课程。为了“教学有教材、授课有课本”，东华大学服装学院组织专家学者和骨干教师，在2007年前后相继编写出版了与本系列课程配套的同名系列教材。经过多年使用和多次印刷，本系列教材已形成了一定的社会影响力，并申报成为“十二五”普通高等教育本科国家级规划教材。

2008年，在学校的重视支持下，在师生的共同努力下，东华大学“服装设计”系列课程获得了“国家级精品课程”称号；2009年，承担该课程教学任务的团队获得了“国家级教学团队”称号。

近年来，伴随着我国经济建设取得的辉煌成就，服装产业也发生了巨大变化。无论是服装的设计、生产、销售，还是品牌的延伸、推广、维护，或是行业的供应、服务、配套，整个服装产业链都有了长足进步。作为承担服装设计人才培养主要任务的高等服装设计教育，各高校结合当地服装产业基础和学校办学特色，教学内容和培养模式也都在一定程度上有了与之相适应的变化。为了主动适应行业变化和人才需求，作为国家级教学团队的东华大学服装设计教学团队，有责任也有义务，对原来的“服装设计1—6”课程进行改革，并编写符合新的服装产业发展形势的专业教材。

本次教材编写出发点是坚持既定培养目标，配合教学改革计划，保持原有教材特色，调整部分章节结构，优化深化核心内容，新增学科前沿知识，融入行业通行手段，在专业建设必须满足连续性建设要求的基础上，增加适应产业变化的灵活性，成为经得起时间考验的，既方便于掌握服装设计一般规律和系统知识，又有利于熟悉服装设计业务流程和实操技能的本专业经典教材。

东华大学设计学科被列为“上海市一流学科”建设，服装设计专业是其中的重要建设内容之一。本系列教材的编写出版受到该建设项目的资助。

FASHION DESIGN

目录

第一章 女装设计导论

女装设计涉及的内容较多,导入女装的相关知识,包括女性、女装的特点,女性消费心理、女装市场的现状以及近现代女装的历史与特点等,可以帮助设计师熟悉女装传统样式和地域样式,了解流行对女装设计的影响,从而为设计提供创作的源泉。

第一节　女装设计的特征

一、女性的特征

女性柔顺安谧、敏感多情的性格和优雅生动、秀丽多姿的外观，向来被认为是一种极富韵致的美。伴随着人类意识的觉醒及社会文明的飞跃，女性的美便在诸多崇高与理想的期盼构筑下形成特有的模式。运用服装、配饰及化妆的手段来制造、补足女性的漂亮成分是非常普遍的社会行为。女装设计是建立在针对女性进行的研究基础上的，因此以下有关女性的生理、心理、审美、社会属性的特征内容，是不可缺少的设计依据。

(一) 女性的生理特征

女性的生理特征主要表现在：身材较为矮小瘦削、肩窄臀大；胸廓较小、乳房突出；腰高偏长、腰围较细、四肢纤细；皮肤丰满细腻、骨骼不甚明显、肤色白皙光洁；体态轻盈，有着与男性强悍、威壮不同的纤柔之感。

(二) 女性的心理特征

女性的心理形成于其特有的内部机制与外部环境，天生的性格与人为的制约，使之愈加显露出易动感情、温存宁静、愉悦快乐、内向怯懦的品质特征。抱有理想色彩的奢望盼求及注重外观形象的赏心悦目，也常常造成女性爱慕幻想的心理活动。

(三) 女性的审美趣味

心理、伦理、习俗、环境等主客观因素始终对女性审美观念的产生存有影响，这种由先天与后天的意识及素养集结而成的女性崇尚，一般是倾向于轻柔文雅、秀丽端庄、光艳妩媚、精致内秀的美感意味。

(四) 女性的社会属性

女性温顺的性格情致、秀美的身姿面容和柔弱的体质能力，使之经常容易被置于从属附庸的身份地位。尤其是来自母亲、同伴及社会方面的诱导指向，女性通常习惯于按照一种约定俗成的行为准则，来塑造能够被整个社会接纳认可的人物类型，并且因此扮演了类似丽人、情人、妻子、母亲、使者、员工等角色。不过，现代社会赋予女性更多的发展机会，女性具有的潜能才智得到了显著的发挥，所担当的角色也更为广泛。

二、女装的特征

女装偏重于突出表观女性娟秀的体态，并极尽所能采用各种美化的表现手法，制成具有造型多变、装饰丰富、华贵大方、轻薄露肤等特点的风格式样。女装虽因时代的变化而趋向简约练达，但较男装而言也还是显得有些繁复娇饰。在款型、色彩、面料、工艺及配饰等方面，都呈现出更为华丽炫目的特征。

(一) 女装款式的特征

女性人体的形态特征和运动需求直接影响了服装的款式设计。女装在外部轮廓与内部结构上，多使用曲线或曲线与直线交错的形式，追求设计上遮、透、露、叠、披、挂、破等形式的表现。根据不同地域、民族习俗、宗教信仰、社会时尚、流行趋势等因素进行综合设计，以形成服装独特的外观和丰富的层次变化。在一些裙装、晚礼服、外套、休闲装的设计上,可以明显感受到女装特有的神韵(图1-1)。

图1-1 玲珑有致的曲线设计是女装款式中的常见手法

(二) 女装色彩的特征

女装的各个设计元素中最吸引人视线的是色彩。鲜丽活泼或柔和素雅是女装用色的突出特点,女装色彩的美观悦目直接关系到服装风格的表达,每种颜色给人的感受是不同的。女装设计师必须了解每一季流行色的动向,及消费群体对色彩不同的需求和认知等等。然后再融合个性与共性色彩来表现流行时尚。另外,一套服装的上下搭配、里外搭配及系列女装的配色运用,都能辉映出女装的熠熠光彩。

(三) 女装面料的特征

女装设计的材料除了我们日常生活中所见的普通衣料棉、麻、丝、毛、化纤以外,还有许多现代服饰的新型材料,女装设计的材料运用,已从狭窄的含义中跨越到现代设计的广阔层面。柔软、滑爽、轻薄、光亮是女装用料的明显特征;裘皮给人以柔软的视觉感受,用裘皮制作的女装华贵高雅;富春纺、塔夫绸的视觉感受滑爽,制作成的女装优雅性感;皮革、漆皮等材料的光感很强,给人以冷峻、中性化的视觉感受。女装设计师只有善于运用材料的性能和特点,才能更准确地表达设计作品(图1-2)。

(四) 女装装饰的特征

装饰工艺是用布、线、针及其他有关材料和工具,通过精湛的手工技法,如抽纱、镂空、缀补、打褶、镶拼、绗缝、刺绣、扳网、滚边、花边、盘花扣、编织、编结等与时装造型相结合,以达到美化时装的目的。在现代女装艺术中,装饰工艺是必不可少的,它的种类和技法千变万化。将装饰工艺进行选择,巧妙地应用于时装中可以提高时装的附加值,同时还能突出时装的个性风格。另外,现代技术的发展,新装饰材料的不断出现,为女装的装饰工艺提供了更为广阔、丰富的表现空间(图1-3)。

图 1-2　新工艺和新的设计方式让传统女士裘皮服装焕发新生

图 1-3　繁复的褶裥、荷叶边和流苏常常用来体现女装浪漫、优雅、灵动的特征

(五) 女装配饰的特征

现代女装设计不是单一性的，而是以全视的角度来审视人对衣装的各方面需求。女装设计通常分为晚礼服、婚礼服、外套、套装、休闲便装、裙装、裤子、内衣等种类。此外女装还有经典风格、前卫风格、优雅风格、休闲运动风格、都市风格、田园风格、浪漫风格、中性风格等。女装的不同种类和风格需要与之相适应的头饰、颈饰、手饰、腰饰、包饰、鞋饰等统一搭配，配饰起到画龙点睛的效果，有效地烘托出女性动人的穿着形象。全方位考虑穿衣人各方面需求，是每一位女装设计师必须重视的问题(图 1-4)。

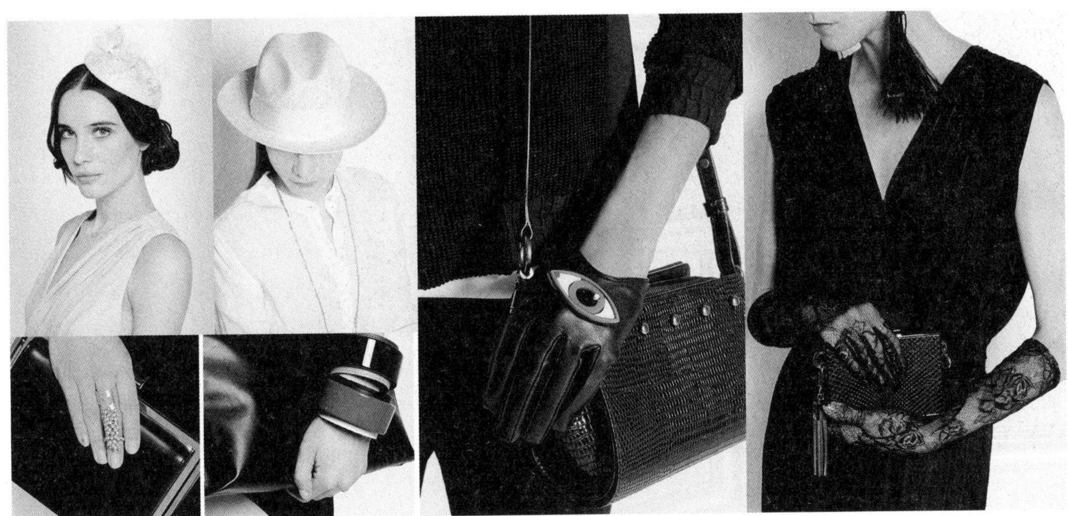

图 1-4 女装配饰的选择需要与穿着场合和风格相匹配

三、女性消费市场的特征

女性消费者是产品的主要消费群体。据第三次人口普查统计，我国女性消费者有 4.8 亿，占全国人口的 48.7% 。女性消费者不仅数量庞大，而且在购买活动中有着重要的作用，往往对自己以及家庭用品的购买有着决策权①。因此掌握女性消费心理，了解女性消费市场的特征是进行女装设计的重要前提。

（一）女性消费心理与特征

与男性相比，女性消费者的购买欲更强烈，更感性，也更容易受到外部因素的影响。温馨浪漫的购物环境、漂亮可爱的包装、特殊寓意的广告等都可以使女性产生购买的动机。女性消费群体往往有以下几个典型表现：

1. 情绪型消费

女性的消费心理和行为容易受到自身情绪的影响，购物成为女性表达开心、宣泄压力、犒赏或补偿自己等情绪的重要渠道。

2. 冲动型消费

根据美国 Cottonusa 国际协会的一个调查结果指出，中国内地消费者的冲动性购买比例全亚洲第一，而其中 80% 的年轻女性属于冲动型消费者②。

3. 从众型消费

女性消费存在着严重的从众心理，在购买时容易受到别人的影响。善于观察模仿其他消费者的穿着，喜欢打听别人的购物信息，容易接受别人的劝说，也常常因为跟上别人购买的节奏而产生盲目消费。这种行为在商品的价格尤其低廉时会越发明显，这也是为什么促销时加入抢购行列的往往是女性。

---

① 宋专茂. 设计心理学[M]. 广州：广东高等教育出版社，2007.

② 李莉. 基于角色特征角度的女性消费者冲动性购买行为倾向实证研究[D]. 厦门大学，2009.

4. 挑剔型消费

女性消费者更有耐心也十分挑剔,她们会花时间在不同厂家、不同产品间做比较,从质量、价格到服务等都是她们对比的焦点,当然往往也会因为一些小小的细节而放弃购买。

(二) 女性消费市场的构成

女性消费群体的多元化所表现出的不同消费需求,决定了女性终端消费市场的多元化。终端消费市场的多元化可以通过相对应的商业划分来满足,因此,消费群体的多元化表现,包括经济收入、文化修养、社会地位、阶层和所属城市不同,决定了必须要有相应针对性的商业划分来锁定相对应的消费群体。目前可以将女性终端消费市场划分为 A 类高端市场、B 类中端市场、C 类大众市场、D 类低端大众市场和 E 类低端市场。

A 类市场主要集中在 A 类城市(特大城市),该地域经济发达,消费群体的经济基础好,文化程度与社会阶层较好,对时尚接受度高,时尚信息的流通速度快。

B 类市场主要集中在 A 类城市和 B 类城市(大中型城市),该区域经济较为发达,消费群体经济基础较好,文化程度与社会阶层较好,对时尚较敏锐,时尚信息流通速度较快。

C 类市场在各类大中型城市都有辐射,该类市场所属消费群体经济基础一般,属于中等社会阶层,对时尚的接受度一般。

D 类市场主要集中在 C 类城市(小型城市)、D 类城市(县级以下城市)和 B 类城市的某些区域,所属消费群体经济收入较低,对时尚的接受度较弱,时尚信息在该类市场的流通较慢。

E 类市场主要集中在 C 类城市和 D 类城市,所属消费群体经济收入较低,对服装的要求是能满足其基本的穿着需要①。

(三) 女性消费市场典型特征

女性消费者由于社会地位、受教育程度、经济收入等因素不同,形成了不同的消费意识、消费心理和消费倾向,终端消费市场为了满足不同女性消费者的这些消费诉求,形成了终端消费市场的基本构成,终端消费市场的基本构成可以反映出不同消费层面的消费特点。女性终端消费市场包括有形店铺和无形店铺。进入有形店铺的人群包括高端消费人群和中低端消费人群。其中,有形店铺中的专卖店和百货商店可以满足高端和中高端消费人群的个性化消费诉求;有形店铺中的折扣店、批发市场和超市量贩店可以满足中低端消费人群的大众化消费诉求。无形店铺包括邮购、网络销售和电视媒体销售等,在一定程度上满足了信息化时代影响下的新生代年轻消费群体诉求。不同时期,女装终端消费市场的构成特点略有不同,20 世纪中期经济发展迅速,消费终端构成中的零售百货业得到了飞速发展;20 世纪末消费者的个性化需求增加使个性化专卖店得到了长足发展;21 世纪信息化时代影响下的新生代消费群体构成了新生代消费市场,使无形店铺得到了快速的发展。

女性终端消费市场各组成部分的特征性表现不同。大型百货商店在女装终端消费市场中占据着核心的地位。它们以自身硬件设施、地理位置、品牌效益、规模效益、系统管理等多方面优势赢得了众多女装消费者的青睐,大型百货商店商品格局、商品类型分布清晰,基本将女装分为少女类、淑女类、休闲类、时尚类等。品牌专卖店服务的消费群体均属于中高端和高端的消费

① 胡迅,须秋洁,陶宁.女装设计[M].上海:东华大学出版社,2001.

人群，为品牌推广形象的窗口，其中包括直销店和加盟店。女装折扣店起源于20世纪70年代，欧美的一些服装和日用品加工企业利用工厂的仓库销售自己的订单尾货，大多以Outlet命名。现在，各大城市的品牌折扣店十分众多，其以较低的折扣吸引品牌消费者以消化过季和滞销产品。女装批发市场是女装产品的集散地，其目的是让个体业主推广自己的产品，如杭州四季青、上海七浦路、广州白马等地。专业批发市场的重点销售对象是各地零售批发商，为生产企业与市场搭建了一个灵活的平台。超市量贩店其竞争力来自于提供廉价的商品、注重产品的类别。超市一般少有高端品牌，基本以低价产品为主，吸引着中低端大众消费者。女装网络、邮购、电视媒体销售商店，有采用邮寄形式的VANCL、PPG等，采用网络销售的淘宝网等，采用电视媒体销售的东方购物等，目前已经占据了一定的市场份额，且从长远看来必将保持较为快速的增长趋势。

第二节　近现代女装发展史

女装发展史是从事女装设计的专业人士必须了解的重要知识。很多经典样式被作为符号传承至今，设计师们不断地从中获取创作的乐趣，并用现代的手段和方法在女装设计中加以演绎。本书中的女装发展史主要关注的是西方近现代的女装，在这一时期，东西方在政治、经济、科技、文化、艺术等方面发生了激烈的变革，人们的着衣观也有了天翻地覆的变化。

一、19世纪女装特征与发展

(一) 19世纪时代特点与服饰风格

这一时期是人类生产力发展最快的时期，工业革命的开展不仅标志着近代史的开始，也为服装的繁荣奠定了坚实的基础，工业革命带来了巨大的社会变化，刺激了服装业的生产，也改变了人们的着衣观念。服装的缝纫和裁剪方式有了革命性的变革，款式不断地翻新，服装业得到了蓬勃的发展。这一时期欧洲进入资本主义社会，但政治上拉锯式的反复变革，不仅带来社会结构的巨变，还引发了服装文化的变化。

从女装的角度出发，19世纪往往被称为"样式模仿的世纪"，每次剧烈的社会变革都给女装带来明显的样式变化，女装几乎按照顺序周期性地重现过去曾经出现过的样式(表1-1)。

表1-1　19世纪西方时代特点与服装业大事件

时代特点	服装业大事件
▶ 结束封建专制，进入资本主义社会，社会结构巨变 ▶ 经济腾飞，纺织工业迅速发展 ▶ 人们生活方式开始改变，开始逐步接受朴素的审美观	▶ 1846年发明缝纫机 ▶ 1856年开发化学染料 ▶ 1858年沃斯(Charles Frederick Worth)创立高级时装店，高级时装业兴起 ▶ 1889年发明人造纤维

(二) 19世纪女装典型样式与特点

这一时期西方女装较为典型的样式是新古典主义风格、浪漫主义风格、新洛可可风格、巴斯尔风格和S形风格等。

1. 新古典主义风格

法国大革命宣扬的自由、平等、博爱等思想打破了人们对唯美主义的绝对倾向,开始更多地关注自然样式。此时的女装样式基于古希腊和古罗马服装的自然线条,但造型更为简练和朴素。笨重的裙撑和臀垫被白细棉布制成的宽松衬裙式连衣裙所取代,腰线提高到乳房以下,领口大而低,短袖,裙子细长柔和,裙长垂地。因这一时期的女装常常采用纱、罗等轻薄、飘逸的棉织物制成,新古典时期在服装史上也被称为薄衣时代(图1-5)。

图1-5 肖像画中新古典主义风格的女装。左图为1816年 Jacques-Louis David 所作《威兰十四伯爵夫人与女儿》,右图为《傲慢与偏见》的剧照。图中女士的着装充分体现了18世纪末、19世纪早期的新古典主义风格

2. 浪漫主义风格

由于王政的复辟,豪华的宫廷趣味影响了人们的着衣风格。为了强调女性的特征,此时的女装腰线回到自然位置,并重新启用了紧身胸衣。强调细腰与夸张裙摆是相互关联的,1830年后裙子的体积越来越大,衬裙数量达五六条之多,裙子的表面装饰丰富。为了让腰部显得更细,肩部和袖根被极度夸张,羊腿袖和帕夫袖开始流行。这一时期的衣领形状也非常极端,一种是高领,一种是大胆的低领。两种领型都采用了大量重叠的蕾丝边饰或褶饰。

3. 新洛可可风格

新洛可可时期在服装史上也被称为克里诺林时期。1852—1870年,西方贵族的旧时代已经过去,浪漫主义逐渐消逝,社会步入了一个越来越现实,相信物质更甚于情感的阶段。这一时期的女性在日益发达的中产阶级精英旁充当的往往是花瓶的角色。女性崇尚自然和自由个性的世界回归到被世俗拘束的社会秩序中,在女装中的典型表现就是裙撑的回归。这种裙撑为了保持完美的造型,采用横向的金属圈来支撑,同时罩裙上的刺绣、蝴蝶结等装饰增多。浪漫主义时代流行的极端膨大的羊角袖消失了,袖子的肩部缩小,袖口像喇叭状张开,此时流行的主要织物有塔夫绸、提花锦缎和各种丝绸(图1-6)。

图 1-6 拿破仑三世的妻子尤金妮对新洛可可风格女装的流行影响很大

4. 巴斯尔风格

巴斯尔风格也称为后撑裙式，是撑起女子身体臀部、改变女子体态的一种服装表现手法。为了强调臀部的翘起，除开在裙子后半部采用衬裙外，还会装饰蝴蝶结、花边等，形成前挺后翘的外形。从这一名称也可以看出，这一时期女装的关注重点在背后。巴斯尔风格的女装不是自我表现，而是抢人眼球、争奇斗艳（图 1-7）。

图 1-7 Georges Seurat 的作品《大碗岛星期日的下午》一画体现了巴斯尔风格女装的特点

5. S 型风格

从 1890 年起，女装进入了一个从古典样式向现代样式过渡的重要时期。受新艺术运动影响，女装变得纤细、优美，流畅的 S 型成为这一时期的主导。女装采用紧身胸衣将胸部高高托起，将腹部压平，腰部勒细，腰部以下裙子自然张开，形成喇叭状波浪裙。此时的袖子上半部呈现灯笼状，自肘部以下为紧身窄袖。

二、20 世纪女装特征与发展

（一）20 世纪时代特点与服饰风格

整个 20 世纪，跨文化和历史的作用对服装设计产生了深远的影响。无论是旅行还是通讯，各大陆之间的联系更加便捷，这使得设计师更容易获得其他时代和文化的款式、设计、材料等一手信息。同时，随着摄影和印刷技术的发展，他们也能从图书、杂志、期刊等二手材料中搜集想法。

成衣业在 20 世纪悄然发展，经历了两次大战的人们由于生活节奏的加快和生活方式的改变，在服装上越来越强调合理性和机能性，特别是二次大战后，以美国为代表，以更大范围的一般消费层为对象的时装产业明显地走上了成衣化的道路。战后巴黎高级时装店的最大顾客并非那些上层社会的贵妇，而是美国的成衣厂商。因此，美国成衣业的发达、美国消费群形成的流行倾向反过来影响着法国的高级时装业，而这个消费群正是二战后进入社会各部门，获得经济上独立并且具有强烈自我意识和新的价值观的“新生代”女性（表 1-2）。

表 1-2　20 世纪西方时代特点与服装业大事件

时　代　特　点	服装业大事件
▶ 现代科学技术兴起并发展 ▶ 科学与技术紧密结合，相互渗透 ▶ 世界文化大繁荣，向着多层次、多类型、民族化发展	▶ 19 世纪末美国人发明了拉链 ▶ 1938 年第一个合成纤维“尼龙”研制成功 ▶ 1946 年腈纶开始商品化 ▶ 1953 年涤纶开始工业化 ▶ 20 世纪 70 年代涂层材料和加工技术飞速发展

（二）20 世纪女装典型样式与特点

20 世纪女装的发展速度远远超过男装，20 世纪的时装史基本上是女性时装发展史。经历了两次世界大战后，产生了同今天相似的现代女装，女装典型的样式千姿百态，层出不穷，这里以最主要的年代划分进行说明。

1. 20 世纪初

女装的轮廓变化是这一时期最主要的特征，紧身胸衣的取消，蹒跚裙的出现都颠覆了女子服饰讲究 S 型曲线的概念。这一时期还有哈莱姆裙、米娜莱特裙、陀螺裙、鱼尾裙等样式。早期的女装还是非常强调高腰长裙的概念，而到了 20 年代后期，女装的腰线下降到臀部的位置，整个轮廓为管状的自然曲线，裙摆的长度在小腿与脚踝间徘徊（图 1-8）。

2. 20 世纪 40 年代

战争期间物资严重缺乏的状况一直持续到 40 年代末，这一时期制作女装的面料被压缩到最小，很少出现褶皱和饰边等装饰。女裙是直筒型的，且长度往往在膝盖附近。此时的女装更类似于军装和制服，方方正正的夹克有着宽阔的垫肩（图 1-9）。

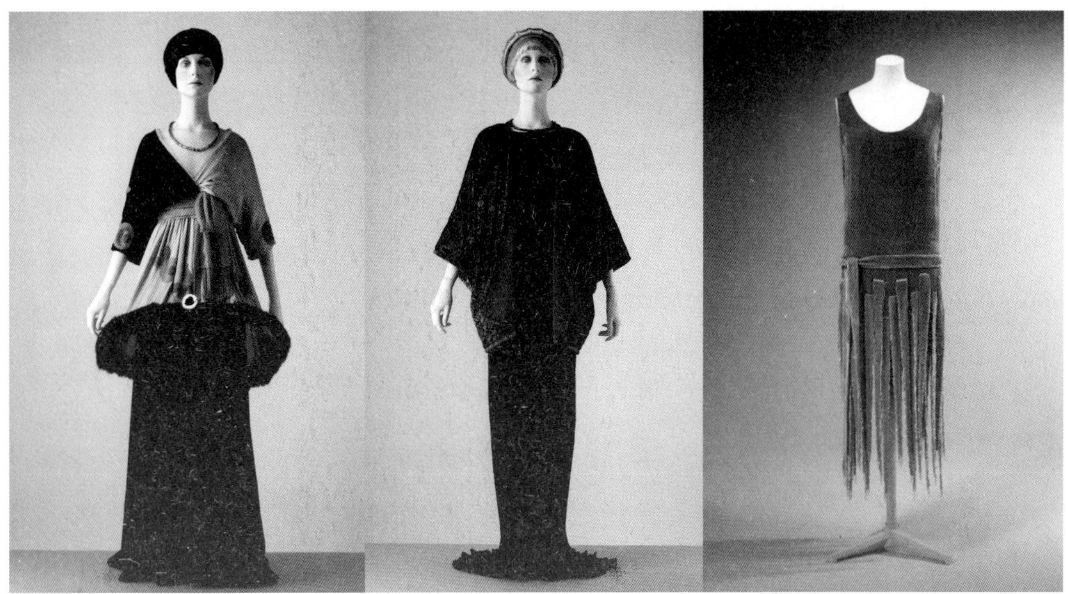

图 1-8　20 世纪初的女装样式。从左到右分别为 Paul Poiret、Mariano Fortuny、Voisin 的作品

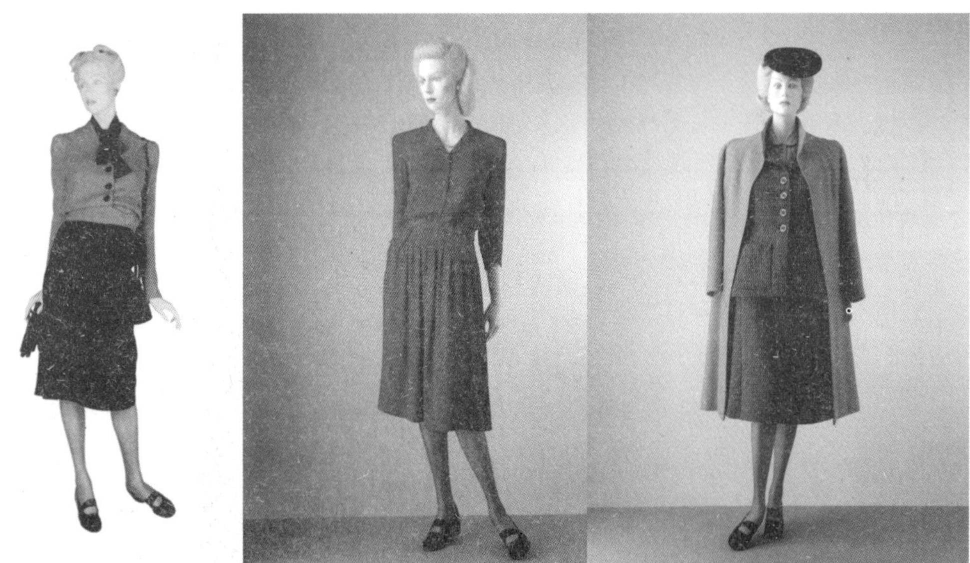

图 1-9　20 世纪 40 年代的女装样式。从左到右分别为 Victor Stiebel、Edward Molyneux、Elspeth 的作品

3. 20 世纪 50 年代

战后是高级女装重新主宰女装时尚的时代。战后的欧洲进入复苏状态，女士渴望重新穿着讲究、漂亮。新风貌的风靡重塑了女性典雅、庄重、华贵的特征，这一服装有着自然的肩线，恰好

的紧身细腰以及像喇叭花一样张开的过膝裙。迪奥的新风貌很快得到世界性的认同，也使得法国重新成为世界时装中心。50 年代女装的廓型有了飞速的发展，X 型、H 型、A 型、纺锤型等，而女装品类中较为突破性的变化是出现了比基尼的泳装（图 1-10）。

图 1-10　20 世纪 50 年代的女装样式。从左到右分别为 Christian Dior、Pierre Balmain、Marcelle Chaumont 的作品

4. 20 世纪 60 年代

年轻风潮兴起，服装不再是舒适或保暖的需求，也不再是社会身份和地位的象征，而是成为了大众化的符号。生于战后的年轻一代向传统服饰禁忌提出了挑战，借着嬉皮士浪潮和太空风貌，迷你裙、民族服装等品类开始出现在伦敦街头，且以很快的速度在全世界范围内普及。修改、自制和二手服装是 60 年代女性张扬个性的表现。这一时期的服装短而宽松，裁剪平滑，色彩鲜艳，经常印有几何图案，大部分使用合成的面料（图 1-11）。

图 1-11　20 世纪 60 年代的女装样式。从左到右分别为 60 年代末伦敦卡尔纳比街上的人们、Pierre Cardin、André Courrèges 的作品

5. 20 世纪 70 年代

成衣业形成并不断成熟，同时日本设计师崛起，为流行时尚界带来了富有东方文化与内涵的设计。朋克文化的兴起引发了朋克服装的风靡，喇叭裤、宽松的宽肩外套、军装式服装、中性化服装以及设计师伊夫·圣·洛朗带动的异域民俗风服装都是这一时期的典型元素（图 1-12）。

图 1-12　伦敦 V&A 博物馆中展出的 20 世纪 70 年代的女装样式

6. 20 世纪 80 年代

女权主义兴起，雅皮文化和迪斯科文化风靡。这一时期，牛仔裤、喇叭裤成为了划时代的服装产品。同时，夸张的肩部造型、硬挺的服装风貌、电子感的几何纹样以及以蛤蟆镜为代表的配饰是 80 年代女装设计和流行的要点。

7. 20 世纪 90 年代

20 世纪 90 年代后，服装的风格更加的多元，服装中心也由巴黎、米兰、伦敦、纽约、东京向其他国家扩展。后现代风格、新古典风格、运动风格、未来风格等多种多样的服装陆续出现，交替频繁。

第三节　女装产业发展现状

一、女装产业的发展水平与特点

（一）美国女装产业的发展水平与特点

经济发达，综合国力强，国际影响力较大，地域广阔，人口较少。

零售流通系统发达。现代营销模式和科学管理手段在实际运用中卓有成效。劳动力成本高,本土制造业萎缩,中高档品牌女装过剩,使企业之间竞争激烈。

(二) 欧洲女装产业的发展水平与特点

经济较发达,综合国力较强,国际影响力较大,人口较少。

劳动力成本高,本土制造业萎缩。工艺和设计技术具有专长。发挥行业协会功能,重视服装人才培养。实施个性化、专业化经营。服装交易实行买断制,以加工业为主的服装企业受到劳动力成本和发展中国家的挑战。

(三) 日本女装产业的发展水平与特点

经济较发达,综合国力较强,国际影响力较大,地域狭小,人口众多。

拥有成熟、完善的商品企划模式与营销手段。劳动力成本过高。女装的质量品质较好。对外贸易的依赖性强。

(四) 中国女装产业的发展水平与特点

属于发展中国家,地域广阔,人口众多。

消费大国,市场巨大。在中低档服装的加工、生产领域,人力资源,原材料和产业配套方面较有优势。以加工贸易型为主,产量大,整体档次低,从业人员多,人均效率低,女装企业数目多,平均规模小,出口数量多,平均创汇少。

二、女装产业的机遇与挑战

(一) 女装产业的细分化

科技革命带来了女装产业细分化趋向。现代意义的女装产业的结构是由相关的女装纺织业、成衣制造业、商品消费市场、产品开发创新研究,以及相关延伸产业,如:箱包、鞋帽、服饰品等,和相应的服务性链接产业,如广告、传媒、包装及物流等一起构成的相对完整的女装产业结构系统。科技革命促进女装产业结构的分工和调整,女装产业链中各个环节在产业结构中扮演着不同的角色。女装产业的传统模式表现为从产品规划、设计研发、生产、推广销售等环节由所属公司一起完成。科技信息时代带来了产业内部的分流,使相应的环节通过链接的方式进行,各个环节可以独立在外部进行运作,然后进行统一链接,这样可以使各个环节完成得更加深入和专业。例如有的公司运作的重点是产品开发和推广销售环节,这样可以把生产环节在整体链式结构中分离,进行外包,使公司可以集中精力把以上各个环节做细、做精。

(二) 女装产业的系统化

科技革命使女装产业系统不断完善,系统内部各链接环节分工逐步明细。女装产业已逐步形成包括从产品设计、原料采购、生产加工、仓储运输、零售在内的链接系统工程。在此系统中,各部分利用数字化技术很好地链接在一起。而不同的部分由于自身有了数字化管理,通过合理的运营方式形成好的管理系统。例如女装生产加工环节不仅仅是单纯生产,从单一的接单制作向商品策划、设计、生产直到零售等公司总部负责的一体化供应链发展;女装产品创新环节不仅仅是开发设计,更是链接品牌运营等相应需求建立的前期开发研究部门。在女装产业的系统化指导下,女装企业不是包括所有职能部门在内的集合体,在完善的产业系统下,女装企业可以将相应的职能权限从公司脱离出来,以链接的方式与公司的职能部门进行对接。

(三) 女装产业的规模化

信息化进程的加快促使女装产业完善内部的专业化分工体系,女装产业各环节更加规模化，包括女装生产的规模化、女装销售的规模化等。例如由单纯的设计开发转变为以产品研发园为主体，以相关院校和研发机构为载体，链接国际研发机构和设计中介等共同组建多层次、多元化的女装研发中心；由单纯的加工制造转变为大型服装加工生产基地；把专业化内部规模经济与集群规模经济整体的外部规模经济结合起来。形成集服装高新技术及产品研发，服装生产加工，仓储物流，展示销售，专业人才培训为一体的产业集聚地。因此，在信息化科技的带动下，女装产业将向整体规模化运营方向发展。

（四）女装产业的标准化

科技带来了女装产业的标准化体系建设。女装产业在发展的同时正逐步建立一流的纺织品服装检测中心、质量认证中心、国际贸易技术壁垒研究中心以及质量检测和服装标准化咨询服务中心，积极采用国际标准和国外先进标准，一方面推行女装企业执行 ISO9000、ISO14000、ISO18000、Oeko—tex100 等国际通行的质量、环境、安全、生态标准，鼓励女装企业质量认证，强化女装企业可持续行为和绿色技术的创新，实现女装企业生态化发展战略。另一方面统一认证标准和标识，对出口女装逐步提高认证标准，力求同国际同步，并建立起与国际接轨的纺织品服装生态体系。女装产业的标准化体系建设降低女装产品走向国际市场的成本，同时为女装品牌企业提供女装标准、女装及其面辅料检测等服务，加强行业质量监督检测，不断提高女装产品的整体水平，为企业创名牌提供技术保障。

（五）女装产业的多样化

女装产业的规模化和系统化使内部分工更加细化、特色化和专业化，促使女装产业呈现多样化趋向。企业通过建立核心技术和力量构成自身核心竞争能力，形成一批具有国际竞争力的女装企业，并使自身往更加专业化方面发展。如有些企业以生产牛仔为主，有专业的牛仔的深加工技术，有些企业以生产针织产品为主，有特殊化的针织生产技术，这些企业在女装产业链中各自发挥着作用，并利用自身特色技术、工艺特点、人力资源，建立起具有各自企业特点的核心竞争力。此外，女装品牌也越来越注重利用自身的特色进行品牌的构建，各品牌注重自身专项的开发和形象的深化，形成具有不同特色的品牌。

（六）女装产业的人性化

现代科技的高度发展，信息化时代的到来使现代生活方式和生活需求较之以往有很大的变化，人们渴望科技能带给自身更加舒适和便捷的生活，在设计中表现为以人为本的设计理念的增强，即在产品的设计中追求人性化诉求。例如强调面料的舒适性、健康性设计，强调功能性设计等，通过对消费者生理和心理的认识，为人们提供能够有益于人身心健康和满足心理需求的设计。此外，女装产品的人性化趋向还表现在企业文化的人性化管理，包括企业运营时将人性化管理融入企业文化中，在销售环节注重与消费者对接的体验式营销，满足消费者的多样需求和与之相对应的对理想生活方式的期望。

（七）女装产业的信息化

科技革命带来了女装产业的数字化和信息化变革，由此建立了信息的流通机制和产业的数字化渗透。例如数字化管理系统的建立，利用信息网络技术改造女装企业传统生产、经营和基础管理，推广应用生产集散控制系统（DCS）、计算机辅助设计与制造系统（CAD/CAM）、企业资源计划系统（ERP）、客户关系管理系统（CRM）、市场快速反应系统（QR）以及产品数据管理系统（PDM）等。此外，还包括信息化平台的建立，包括建立产品信息机构，专门跟踪国内外服饰产品的最新发展动态；建立技术信息机构，专门收集和提供服装行业国内外最新技术、最新工艺设备、最新科研项目的相关信息；建立人才信息机构，专门为服装行业人才资源的合理配置提供信息服务，将业内新的动态通过平台进行更多的交流，与网络有关的信息平台与产业的渗透，利用平台把控技术等，企业利用平台推广，利用信息平台传输和沟通。

三、未来女装发展方向

（一）可持续绿色设计成为新经典

依托于发达经济的现代文明带来了人们对生活方式、消费观念的重新思考。人们重新审视由于经济高速发展带来的环境变化，由于高节奏、高频率带来的生活变化。倡导“节能”“低碳”的生活方式，已被越来越多的人接受和认可；崇尚自然、崇尚环境保护意识，欣赏自然、赞美自然、享受自然、体验自然越来越受到人们的关注。这种自然与环保趋向在个人的行为方式上，表现为对旅行的关注，特别是自助旅行、徒步旅行等的热衷；有氧运动的倡导，关注健康等。在女装设计中表现为强调设计的可持续发展策略，强调在旅行、健康话题中获取灵感，关注生态设计和绿色设计，包括可再生材料的运用、原料的绿色性、可再生利用的产品设计、产品生命周期的延长、包装的绿色设计等问题。

（二）智能与信息化引领女装潮流

科技信息的高速发展改变了人们的生活构成，网络、数码产品、短信通讯、视频聊天、网上购物等成为人们生活中不可或缺的重要组成部分，从而引发了人们生活方式的改变。这些因素促使科技与信息成为女装发展中不可忽视的新趋向。设计师越来越关注科幻、未来等主题并从中挖掘灵感元素运用于产品设计。另外，科技革新带来的各种新型材料、新工艺以及由此而产生的样式变化和流行成为设计关注的重要内容。科技信息带来的数字化设计工具的应用（如计算机辅助设计和信息交流），也催生了相应的设计方法和观念的变革。

（三）复古传统与民俗风方兴未艾

社会经济的高度发达使地球变成了“村”，人们在国际化的进程中进行着无阻碍的交流，增加了对其本源的探究，加上全球旅游业的兴旺和人们希望体验更多方面的文化的心理趋向使民族文化例如古埃及文明、古希腊文明等成为人们追求的方向。因此，体验多民族的生活状态，是现代人的生活追求。对地域性民族服饰风格的尊重是人们精神生活发展的重要标识之一，具有民族艺术风格的独创性服装将成为审美的热点。各民族璀璨的文化是现代生活的催化剂。用民族元素通过现代的表现手法演绎现代时尚、诠释民族的灿烂，是当今流行的又一个看点。多姿多彩的样式、丰富的民间手工艺、多元的材质感觉可为现代女装带来无限的遐想。设计师们正在探寻更加宽广的范围以激发不同的灵感，创造出一些有创意的设计。

（四）人性化与功能时尚加速发展

高度发达的经济及生活方式和理念的改变使人们在穿衣需求上转变，女装消费者对服装的情感性投入加强，这对女装产业提出了新的要求。现今的衣服早已超越了保暖遮羞的阶段，女性着装的目的不是体现衣服本身的功能，而是能带给她的情感体验和过程感受。包括服装所带来的功能性的表现，以及心理体验、文化体验、形象体验等。因此，作为发展变化中的女装产业，如何抓取女性消费者的这一新动向，在产业的各个环节加以体现，是时代提出的新要求。

（五）跨界与多元化需求日趋升级

高度发达的现代物质社会，带动了人们对文化的关注和对文化内涵的深度挖掘。人们的着装行为已不再是单纯满足自己的穿衣需求，更重要的是作为一种新的文化理念融入到各个物质生活领域。人们从影视、音乐等众多方面关注文化给我们带来的辐射和影响。设计师乐于挖掘以往的文化题材加以演绎，展现出不同形象特征的样式。消费者善于选择适合自己的文化题材进行对位。如迪斯科音乐、俱乐部文化等。同时，无论是女装品牌发展、新产品研发、消费需求的新导向、女装工业制造中所折射出物质文明与社会文化对其的渗透也越来越显示出其特殊的魅力，特别是与自然科学领域、人文科学领域进行整合后，其特殊魅力更加不言而喻，现代服装文化在生活中的地位与作用，特别是在物质文明和精神文明方面带来的益处，几乎变成了人类某种生活方式的表达和宣泄。它所带给人们的理论意义远远超出了人们的想象。

本章小结

本章分别从三个方面对女装设计涉及的相关内容进行介绍：女性、女装、女性消费市场的特征，西方近现代女装的典型样式与风格，女装产业特点现状与未来发展方向。导入女装设计的相关知识点可以帮助设计师熟悉女装市场、女装设计的典型特征，是进行深入设计的入门基础。

思考与练习

1. 女装有哪些特征？这些特征如何体现在女装设计中？

2. 试述中国现阶段女装设计发展存在哪些问题？针对这些问题提出自己的解决方法。

3. 在西方女装发展史中选择一个具有典型代表性的服装样式，加入自己的设计构思进行再设计。

第二章 女装设计概述

女装设计概述包括女装的分类、女装设计的原则、女装设计的基本元素等内容。对女装分类的梳理和女装设计总体原则的把握,可以帮助设计师明确设计定位、控制整体设计方向。女装设计基本要素包括面料、色彩、廓型等方面内容,是女装设计顺利展开的各个基础环节。女装的细节设计与装饰设计可以增加设计含量,为产品增加卖点。

第一节　女装的常见分类与特点

我们要说清楚生活中随便哪件衣服究竟属于哪个类别，恐怕仅用某一种分类方法是很难做到的。有时，一件衣服可以单独用好几种方法分类，分类的结果却可能仍然是个含糊的概念。只有同时使用好几种方法，加入每种方法的限定成分以后，这件衣服的属性才能比较清晰，特征才容易显露，就像一个空间位置，必须从水平、垂直、前后等方向对其透视扫描，才能准确叙述它的方位。这就要求设计者在设计之前全面、细致、准确地理解各种形式的设计指令，才能得出令人满意的设计结果。

一、按年龄分类的女装

（一）典型分类与特点

按年龄进行分类，女装包括少女装、淑女装、熟女装，中老年女装。不同的年龄层面代表了不同的女性消费群体特征，由此也会产生不同的产品价位、产品属性和特征。设计师需掌握不同年龄层面的特征进行针对性的产品设计，满足不同女性消费群的需求。

1. 少女装：12～17岁左右的少女使用的服装

少女装是指12～17岁左右少女穿着的服装。这个年龄段是人体发育的生长期，体形变化很快，性别特征明显。女孩胸部隆起，骨盆增宽，腰部相对显细，腿部显得有弹性。

少女装的典型特点包括：造型应介于淑女装与童装之间，多为青春、可爱、活泼的风格，性别特征不是非常明显。受消费群年龄、性格、活动范围的影响，校服类或运动类风格的产品是少女装设计的重要品类。这一时期的女装逐步从童装向成年装转变，图案类装饰变得较为含蓄，局部造型以简洁为宜。色彩不再像以前那么艳丽，以常用色调为宜。除了棉布外，面料更多采用化纤织物。为了适应人体增长迅速的特点，这类服装的造价不宜太高。

2. 淑女装：18～30岁左右的女性使用的服装

淑女装是指18～30岁左右的年轻女性穿着的服装，这是一个很有服装特点的年龄段，是重点设计对象。这个年龄的体型已发育成熟，身高达到了最高峰。身体各部位逐渐丰腴，对流行的追求最为敏感，是表现最强烈的“穿衣一族”，因为她们通常想借助服装吸引异性的目光。淑女装设计要求：造型轻松、明快，变化范围很大。服装的性别特征非常明显（也出现了受流行热点的影响而推崇“中性服装”的现象）。一般来说，淑女装的造型变化极为丰富，以能突出优美身段的造型最为常用。色彩的选择与流行色关系密切，时而深沉、时而艳丽，以强调对比因素为主。面料则几乎包括所有服用面料，尤其偏好新颖流行的面料。进入这个年龄段的后半段，由于社会角色和经济来源的稳定，呈现追逐名牌服装的倾向，是个性化设计的推动力量。

3. 熟女装：31～50岁左右的成熟女士使用的服装

熟女装是指31～50岁左右的成年女性穿着的服装。虽然31～35岁的人仍可被称为淑女，但由于婚姻、家庭和工作的关系，这类人在心理和生理上都有较大区别。因此，在服装穿着上把这部分人划入熟女范围更为合适。成熟女性身形更为丰满、线条流畅，随着年龄的增长，体型除了胖瘦变化以外，高度方面基本稳定。40岁以后的成熟女性有逐渐发胖的趋势。成熟女装总的设计要求是：造型合体，稳重，局部造型简洁而精致，装饰较少，讲究服装的成套感，注重服装的品质。色彩以常用色为主，间或也有些流行色的运用。面料选择的范围较广，以优质、细节、清爽为主，冬装还可使用高档的裘皮制作。

4. 中老年女装：50岁以上的中老年人使用的服装

中老年女装是指50岁以上的中年人和老年人穿的服装，随着年龄的增长，身高在逐渐缩短，背驼者也较多，尤其是过了70岁以后，这种情况更加明显。中年妇女稳重而实在，对流行已不太关注，造型上喜欢沉稳优雅的风格，严谨而略带保守，设计者要注意用造型修正体态。色彩追求平稳和谐的色调。中年女装偶尔也用鲜亮色调。老年人已退出社会舞台，追求安详宁静的生活，对流行事物不感兴趣，造型要求宽松舒适，零部件简单实用，色彩宜选用干净明快的色调，以暖色系为主，适当配合一些碎花圆点图案掩饰老态。面料宜选用柔软、透气的天然或化纤织物。

（二）典型女装品牌范例

针对少女装、淑女装、熟女装、中老年女装的分类，本章各挑选一个典型品牌进行范例说明（表2-1）：

表2-1 按年龄分类的女装品牌

<table>
<tr><td colspan="2">典 型 品 牌</td><td>品牌与产品介绍</td></tr>
<tr><td>少女装</td><td>TEENIE WEENIE</td><td rowspan="2">韩国自创品牌Teenie Weenie的休闲装深受年轻一代的喜爱。品牌以独特的熊家族故事作为背景，以可爱的熊宝宝作为标识，推出颜色亮丽、款式富含时尚和浪漫气息的男女休闲服饰，轻松自然的设计风格、舒适柔和的质地适合追求时尚而又有气质的年轻人穿着</td></tr>
<tr><td colspan="2">
</td></tr>
</table>

续 表

<table>
<tr><td colspan="2">典 型 品 牌</td><td>品牌与产品介绍</td></tr>
<tr><td>淑女装</td><td>RIVER ISLAND</td><td rowspan="2">River Island 是英国的高街时尚品牌之一，为18～35岁的男女打造休闲及上班服饰。对潮流的敏感度高，昆虫图形、蕾丝、裸色、军装风格等几乎每一季的流行亮点都能在店里找到。以新潮前卫服饰及合理价格深受英国潮流男女的喜爱</td></tr>
<tr><td colspan="2"></td></tr>
<tr><td colspan="2">典 型 品 牌</td><td>品牌与产品介绍</td></tr>
<tr><td>熟女装</td><td>宝姿</td><td rowspan="2">消费群的定位为25～40岁之间，心态年轻，具有时尚观念，对服装要求高品质的面料和精良制作工艺的知识女性。品牌秉持“Less is more”的宗旨，产品有着简洁流畅的线条，质量上乘的面料，精致完美的做工，简约优雅</td></tr>
<tr><td colspan="2"></td></tr>
</table>

续 表

典 型 品 牌		品牌与产品介绍
中老年女装	麦子熟了	是上海一舟服饰有限公司旗下的女装品牌，客户群为展现享受时尚年轻心态的中老年女性。品牌基于都市中老年服装新的时尚文化趋势，关注生活在都市的知性阶层和中老年的需求，追求高品质的文化生活和乐观健康的生活态度

二、按品质分类的女装

（一）典型分类与特点

有些服装企业在给自己的产品定位时，经常采用所谓“高档服装”或“中高档服装”，也许他们对此并无确切的概念，往往以市场的相对价位为标准。这种过于含糊的做法对产品定位不利，到头来还是跟在别人后面瞎忙乎。由于产品价位的人为因素很大，并不能完全客观地反映品质的真实情况，例如：品牌价值、商场扣率、销售成本、积压因素等，都会影响到产品价格。因此，价格只是设计的参考因素，与服装品质无必然联系。

女装可以根据品质分为高档、中档和低档三个档次，介于三者中间的是所谓中高档和中低档。每个档次的服装在造型、面料、色彩、辅料和工艺制作上均有各自的特点。

1. 高档女装

高档女装是女装构成要素的高标准组合，其设计、材料、制作均是一流的。高档女装的特点是批量小、成本高，强调传统风格。高成本的投入使高档服装只能以质取胜，价格不菲。设计时注重造型的稳定性，一般不太受流行因素的影响，在品牌的既定风格上进行有限的变化，局部设计非常精致，注重韵味感和成熟感，色彩运用也以传统的常用色为主，与流行色基本无缘。面料常选用质地精良的天然纤维织物，如羊绒薄花呢、真丝乔其纱等，也选用优质裘皮或皮革作面料。结构与规格均非常合理，目标顾客明确。

2. 中档女装

中档女装是女装构成要素组合有所欠缺的女装，其设计、材料和制作的某一要素会降低一些标准。出于满足普通消费者的考虑，适当降低某一要素的标准，会相应降低销售价格，带动消费。较低的价格使喜欢经常改变服饰形象的普通消费者有更多的购买能力，使得流行因素在这类服装中能够大显身手。因此，中档女装的造型、色彩和面料均以流行信息为目标，每年的变化幅度都较大。可以说，中档女装是最强调流行感的服装。

3. 低档服装

低档女装是女装构成的低标准组合，其设计、材料、制作都维系在较低的水平上。低档服装的特点是成本低、批量大、效果平平。为了适合消费者的需要，低档女装必须降低生产成本和销售成本，以量取胜。因此，面料粗糙或者过时，制作简陋就成了这类服装的通病。在经济不发达的社会背景下，低档女装仍有相当的市场。其造型和结构处理往往以省料为原则，面料多为低档化纤织物或其他积压面料，辅料也能省则省，不能省则以低档货代替，通常在批发市场、简易商场或地摊上出售。

除了高档女装以外，中档和低档女装的材料和制作都已基本确定，只有通过提高设计水平来提高其产品附加值，才是既经济又可行的办法，也是设计者肩负的重任。

（二）典型女装品牌范例说明

低档女装多在批发市场、简易商场等处销售，品牌意识弱，且不免有仿制、驳款等现象。这里仅针对高档女装和中档女装市场各挑选出一个典型品牌进行介绍（表 2-2）：

表 2-2 按品质分类的女装品牌

典型品牌		品牌与产品介绍
高档女装	MAXMARA	MaxMara 以能设计适合所有女士的衣饰、抗拒时装界的短暂潮流见称，充满时代感。其时装设计简洁、线条清晰，以精良的面料和剪裁，呈现女性之优雅，充分诠释了意大利的时尚精神。直到现在，制造一件 MaxMara 大衣需要 170 个工序，极端严谨细致，面料都产自意大利
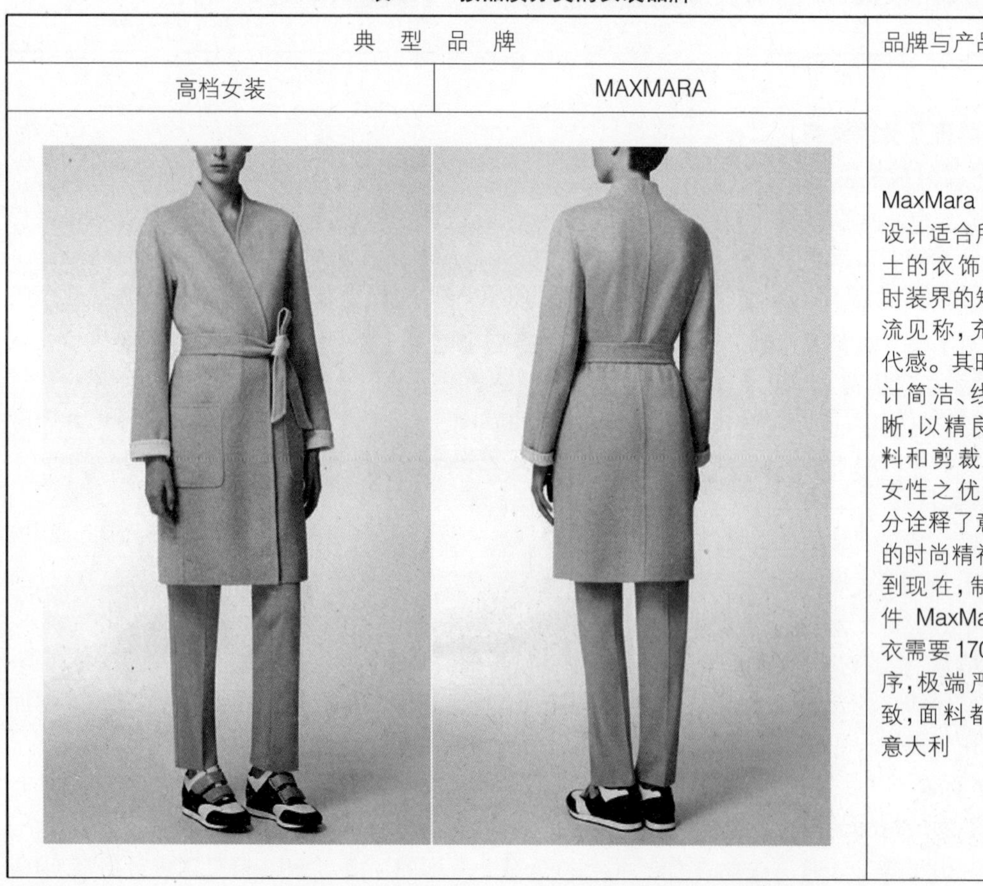		

续 表

典型品牌		品牌与产品介绍
中档女装	TOPSHOP	Topshop 属于英国最大的服装零售商 Arcadia 集团，是一个快速时尚品牌。面向不同年龄、体型、个性和生活方式的女性，从基本款到高街潮流，为时尚女性提供全面造型，价格区间在几百元到千元不等

三、按类别分类的女装

（一）典型分类与特点

女装是由不同类别的女性基本服饰产品构成的，根据不同的服装产品类别，将女装进行分类，可分为衬衣、夹克、风衣、大衣、棉服、羽绒服、连衣裙、半身裙、内衣等。不同的产品类别其设计的要点、材料选择和细节设计都各不相同。具体品类的女装会在“女装单品设计”的章节中进行细致说明。

（二）典型女装品牌范例说明

不少女装品牌都是从某一典型单品起家，其拳头产品至今仍是该品牌与其他品牌竞争市场的重要元素，这里挑选出几个典型品牌进行介绍（表 2-3）：

表 2-3 按类别分类的女装品牌

典型品牌		品牌与产品介绍
毛衫	SONIA RYKIEL	Sonia Rykiel 是法国设计师索尼亚·里基尔的同名品牌，毛衫是她极具代表性的设计。从第一件针织毛衣算起，Sonia Rykiel 已设计了 6 000 多件无重复的毛衣款式，也因此获得了“针织女王”的称号

续 表

<table>
<tr><td colspan="2">典 型 品 牌</td><td>品牌与产品介绍</td></tr>
<tr><td>内衣</td><td>LA PERLA</td><td rowspan="2">LA PERLA 是世界顶级内衣、女装、泳装生产厂家之一，更是时尚的奠基者。LA PERLA 品牌的内衣具有深厚的文化内涵和惟美的艺术气息，成功地令内衣真正显示出女性的妩媚，把内衣潮流及时地带进年轻人的世界。因其高贵的风格和悠久的历史，被业内誉为内衣商品中的"劳斯莱斯"</td></tr>
<tr><td colspan="2"></td></tr>
<tr><td colspan="2">典 型 品 牌</td><td>品牌与产品介绍</td></tr>
<tr><td>皮草</td><td>FENDI</td><td rowspan="2">Fendi 是意大利著名的奢侈品牌，专门生产高品质毛皮制品。卓越的手工和工艺传统，体现 Fendi 奢华品质的精髓</td></tr>
<tr><td colspan="2"></td></tr>
</table>

续 表

<table>
<tr><th colspan="2">典 型 品 牌</th><th>品牌与产品介绍</th></tr>
<tr><td>皮衣</td><td>LOEWE</td><td rowspan="2">Loewe 是西班牙的一家主要奢侈品品牌，以制作顶级皮件闻名全球，皮制品一直受早期占领西班牙的阿拉伯人传统风格影响，核心价值为工艺、创新及无与伦比的皮革制作工艺。Loewe 的皮革用品以及装饰物，手工细致精巧，具有浓厚浪漫古雅情调的地中海文化色彩</td></tr>
<tr><td colspan="2"></td></tr>
</table>

四、按场合分类的女装

（一）典型分类与特点

现代女性生活环境和工作环境的扩展导致其对样式的需求也越见丰富。不同的环境场合有着不同的穿衣要求。按场合可以将女装产品分为商务、休闲、社交三大类。现代生活的多样化使休闲类女装份额不断增加，特别是休闲运动和居家休闲的比重日益增加。生活场景是消费者生活样式的直接反应，现代生活的多元化使服装的选择与相应的生活场景所匹配，不同生活场景相适应的典型款式，是进行设计的指导。设计师通过明确产品的场合类别，从而进行有目的、有针对性的女装产品设计。

1. 商务类女装

商务类女装，是指女性从业人员在工作场合或商务场合穿着的正式服装。传统意义上的商务装是非常保守的一类女装，但是随着审美观念的转变以及流行趋势的作用下，商务类女装的变化也越来越丰富。商务装代表的是穿着者及其所属公司的品味、个性和态度。尤其是商务会谈中，女士的着装会直接给合作伙伴留下关于会谈者及其公司的印象，专业化的得体装束往往更能够树立专业化的形象，因此商务类女装的设计与选择无论是对于个人还是企业都是非常重要的。

一般说来，商务类女装的选择和要求相对于商务男装来说要宽松得多，无论是面料、色彩和款式都更加宽泛。最常见的商务类女装品类是套裙。在外观上套裙选用的面料，讲究的是匀称、平整、光洁、悬垂、挺括。不仅弹性手感要好，还需要不起皱、不起毛球。色彩图案朴素简洁。其他常用的商务类女装品类还包括商务衬衫、商务大衣、商务针织衫、连衣裙等。

2. 休闲类女装

顾名思义，休闲类女装是在休闲场合的着装，一般所穿的服装比较随意，是充分展示穿着者另一面风采的服装。休闲装已被越来越多的人接受，再繁忙的人也需要休闲时间来调节，需要休闲情调的服装点缀生活。休闲装的设计关键在于得休闲之神，而不是学休闲之形。最忌讳用所谓休闲装面料制作结构和工艺无甚变化的服装，并冠以“休闲”之名。休闲装的另一个特点是所谓“软性配套”,即上下装不是同一面料做成的套装,而是用风格一致、面料相异的单件服装配套而成。这个课题往往是留给穿着者自己去完成的,因此,设计单件休闲装时应考虑到它与其他服装最大程度地兼容。休闲装所用的面料以具有粗糙肌理或涂层处理的织物为宜,造型与色彩受流行因素的影响很大,轻松而不拖沓,随意而不消沉,自由而不无聊,新颖而不怪诞。

3. 礼仪类女装

在正式的社交场合,穿着礼仪装不仅是体现自身价值的需要,而且是对别人的尊重,出席社交礼仪场合穿着的女装多为晚礼服和婚礼服。由于社会形态和传统文化的影响,女式晚礼服的面貌风格各异,内涵极为丰富。以西方女式晚礼服为例,其设计时而讲究主题,时而讲究形式,或端庄秀丽,或热情性感,造型、色彩和面料的选用都极尽引人注目之能事,争奇斗艳。比较传统的晚礼服注重腰部以上的设计,或袒露或重叠,或装饰或绣花,腰部以下多为曳地长裙,体积夸张;比较现代的晚礼服则设计中心随意设置,裸露部位飘忽不定,虽以长裙式居多,却线型简练,结构精致。晚礼服的色彩艳而不俗,雅而不淡,面料以质地上乘的丝绸、塔夫绸、纱绡为主。高档晚礼服通常是因人而异单独设计的,穿着者的身材、肤色及气质是重要的设计条件。

婚礼服在人的一生中穿着次数虽然极少,但会留下弥足珍贵的美好记忆,是非常重要的礼仪服之一。女式婚礼服基本保留了传统的婚礼服形式,体现纯洁高雅、秀丽素净的风格。女式婚礼服又叫婚纱,外轮廓造型以X型居多,典型特点是上身贴体、不袒露或稍微袒露胸部,袖山高耸宽大,下身长及地面,裙摆夸张,配以头纱和手套。其变化设计很多,可吸收晚礼服的造型特点,采用大量花边和刺绣作装饰,层层叠叠,以圣洁中显露华贵之气,富有个性的婚纱设计甚至采用超短连衣裙的造型,配合大量轻纱、花边和亮片,透出时代气息。绝大部分婚纱均选用纯白色,面料以高档丝绸和纱绡为主,也采用人造缎面等织物。

(二) 典型女装品牌范例说明(表2-4)

表2-4 按场合分类的女装品牌

<table>
<tr><th colspan="2">典 型 品 牌</th><th>品牌与产品介绍</th></tr>
<tr><td>商务类女装</td><td>ICICLE</td><td rowspan="2">舒适、环保、通勤是通勤装品牌ICICLE一贯的形象,自1997年品牌创立以来,ICICLE坚持在每个细节实现环保理念。不断寻找最环保的原材料,从面料、里料、辅料以至填充物,都力求保证环保品质,带给客人舒适健康的自然感受</td></tr>
<tr><td colspan="2"></td></tr>
</table>

续 表

<table>
<tr><td colspan="2">典 型 品 牌</td><td>品牌与产品介绍</td></tr>
<tr><td>休闲类女装</td><td>ONLY</td><td rowspan="2">ONLY 是丹麦著名的国际时装公司 BESTSELLER 拥有的众多著名品牌之一，为所有生活在世界各大都市的独立、自由、追求时尚和品质的现代女性设计。代表年轻人活力，有趣的生活方式，充满动感和浓厚的时代气息。牛仔是 ONLY 产品系列的 DNA。至今 ONLY 保持着在牛仔生产技术以及剪裁设计方面的领跑者地位</td></tr>
<tr><td colspan="2">
</td></tr>
<tr><td colspan="2">典 型 品 牌</td><td>品牌与产品介绍</td></tr>
<tr><td>礼仪类女装</td><td>ELIE SAAB</td><td rowspan="2">Elie Saab 品牌以奢华高贵、优雅迷人的晚礼服著称。运用丝绸闪缎、珠光面料、带有独特花纹的雪纺、银丝流苏、精细的刺绣……充满飘逸轻灵的梦幻色彩，为所有女人构筑一个童话般的梦。同时运用褶皱、水晶和闪钻，挥洒着熠熠星光，带给所有人炫目时尚的同时，亦让 Elie Saab 的女人化身成最优美的精灵国度公主</td></tr>
<tr><td colspan="2"></td></tr>
</table>

五、按季节方式分类的女装

按照季节特点将服装分为春秋装、夏装和冬装是非常通俗的分法。目前国际上流行用季节来界定服装发布会上产品的内容，例如，“2003—2004 秋冬服装发布会”“2005 春夏流行预测”等。

(一) 典型分类与特点

1. 春秋季女装

春秋天是一年中比较凉爽宜人的季节,既不像夏天因太热而不得不减少衣物,也不像冬天因太冷而不得不增加衣物。前者的结果有不够庄重礼貌之嫌,后者则厚重有加而身段无形。因此,春秋装给设计师的余地很大,单衣、套装等长短兼宜、厚薄均可。

春秋装可分为两类:一类是初春或暮秋时穿的服装,这一时节天气稍凉,衣料不能太薄,仍需注意保暖功能。另一类是暮春或初秋时穿的服装,这一时节天气较热,服装上仍保留着夏装的痕迹。由于各个国家和地区在同一时节的温差变化很大,春秋装的款式定性也差异很大。即使在我国,北方地区的春装给南方地区作冬装都可能嫌厚。因此,实际设计时,应该以穿着地区的气候条件为参考依据。一般来说,春秋装以套装为主,兼有风衣、棉褛、茄克、编织衫等等。造型、色彩、面料都有浓厚的流行气氛,设计构思往往紧跟流行,只有一些著名品牌,才相对稳定地坚持自己的风格,谨慎地有限地考虑流行因素。

2. 夏季女装

炎热的夏季对服装有较大的限制,是服装业公认的销售淡季。由于高温的关系,夏装总是能薄则薄,能简则简,相对其他季节的服装来说,夏装的服饰形象显得比较单薄,缺少层次感。换个角度来看,倒也轻松活泼,简洁爽快。

夏装总的要求是凉快透气、滑爽吸汗、不黏不闷。设计时,首先要从造型角度符合上述要求,比如,剪短长度、增加宽松量、开衩透气、领口下移等,然后从面料角度达到夏装要求。一般以高支棉织物、麻织物和真丝织物为主,也可选择性能优良的仿真化纤织物,目前此类织物的许多物理性能甚至超过了其仿真对象。黏合衬等辅料也尽量选择夏装用辅料。还要从色彩角度符合夏装特点,色彩通常以淡雅清爽为主,条格印花兼顾,流行色在夏装中应用很广,这也许与夏装成本较低,可以经常更换购置有关。夏装最常见的品种是衬衣、裙子、短裤、T 恤、背心、连衣裙等。设计总要求是不变的,涉及具体的品种时,结合该品种的基本内容完成设计。

3. 冬季女装

冬装是零售服装中的重头戏,由于其用料多、制作难,是季节性服装中成本最高的,售价和利润也最高,因此,冬装是服装厂商必争之物,是一年内销量最多的时节。

在冬装的实用功能中,保暖性放在首位。这个问题可以通过造型设计和面料选择解决。领口抬高、双排纽扣、衣长增加、双层结构、毛皮领袖、收紧腰带等,都是在造型上增加保暖性的措施。厚型呢绒、中空纤维、绗缝织物、涂层织物、动物毛皮等面料的选用可以保证服装的保暖性,织物中含有静止空气越多,保暖性越强,因此,蓬松厚实的面料是冬装的首选面料。冬装的色彩以沉稳柔和的中低明度暖色调为宜,由于冬装面料昂贵、制作复杂,经常洗涤会影响其外观效果和内在质量,因此,比较耐脏的中低明度色彩被经常选用。在流行色的影响下,有些冬装也可选用纯白、鹅黄等高明度高彩度色调,给冬天抹上一笔亮丽跳跃的色彩。

冬装最常见的品种有大衣、棉风衣、滑雪衫、厚呢套装、皮衣、羽绒服等。每个品种均有一定的规定性,设计时要考虑这些规定性的基本内容,如果设计出来的款式过于脱离这些约定俗成的基本内容,有可能会使冬装变成不伦不类的品种。

(二) 典型女装品牌范例说明

市场上一般没有哪个女装品牌会仅仅针对某一个季节推出品牌产品,尤其是夏季和春秋季的产品，因此这里的典型女装品牌范例是从其品牌热门单品的角度出发，挑选出广为人知的产品对其进行季节的归类（表2–5）。

表2–5 按季节分类的女装品牌

<table>
<tr><td colspan="2">典 型 品 牌</td><td>品牌与产品介绍</td></tr>
<tr><td>冬季女装</td><td>MONCLER</td><td rowspan="2">Moncler是一家总部位于法国格勒诺布尔专门从事生产户外运动装备的著名品牌，其羽绒服产品最为出名。对羽绒有着严格的选材法则：只选用颈下到胸腹之间的鸭毛，柔软并有极高的防水性，并且比一般的羽绒更轻、更薄</td></tr>
<tr><td colspan="2"></td></tr>
<tr><td colspan="2">典 型 品 牌</td><td>品牌与产品介绍</td></tr>
<tr><td>冬季女装</td><td>CELINE</td><td rowspan="2">源自法国，以利落廓型、奢华材质、巧妙用色、精确剪裁和精湛工艺闻名，倾力打造极简现代、艺术摩登的服饰设计，展现独立优雅、知性时尚、勇于创新的女性形象。品牌大衣是最出名的产品</td></tr>
<tr><td>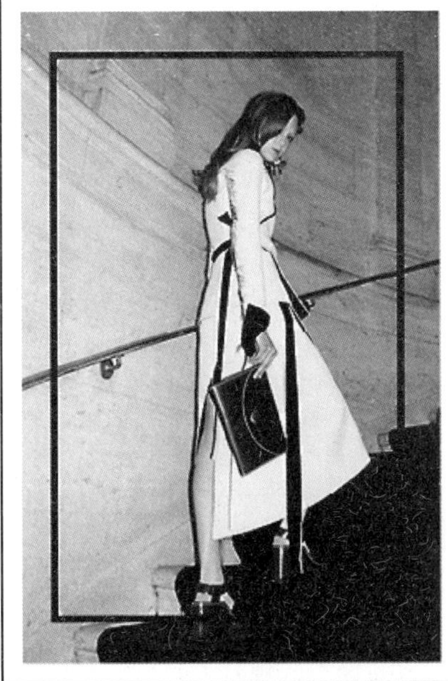</td><td></td></tr>
</table>

第二节 女装设计的基本原则

一、女装设计的总体原则

女装设计需遵循的总体设计原则包括市场原则、品牌原则、品类原则、流程原则,这些设计原则对女装设计起到引导的作用,是设计过程中需时刻把握的关键。

(一) 市场原则

女装设计的市场原则指女装设计首先需以市场为导向,研究不同市场的消费趋向,研究不同层面市场消费者的动态趋势。对消费者在不同时期,不同社会层面、不同地域的差异进行调查分析,了解消费者的需求特征和购买行为特征,将其作为进行设计的基础。市场调查的内容包括消费者社会文化特征(文化群体、社会阶层、家庭地位等),消费者个人特征(年龄、职业、收入、学历、居住地、信仰等),消费者的生活方式(活动、兴趣和观念),消费者的购买意识,消费者的价格认可,以及购买行为等内容。鉴定女装产品开发的消费者设定范围,锁定中心消费带,才能做到有效地进行产品开发,才能实现产品设计的创意价值。

(二) 品牌原则

女装设计的品牌原则指在了解市场的基础上,需建立对品牌的认知,进行品牌针对性的设计。针对性设计包括建立在特定的品牌诉求、品牌理念、品牌形象特征下,根据不同的品牌属性特征进行设计,并将这些特征渗透到产品开发、终端的营销推广等环节,以表现品牌鲜明的形象、独特的个性,赢得消费者的认同,实现品牌的价值地位。从设计师角度来说,在充分了解品牌的设计理念、风格的前提下,再加入流行元素,所设计出的产品才不会偏离品牌所针对消费群体的需求。同时需要分析以往的产品,从中吸取经验和教训,为设计工作提供参考资料。

(三) 品类原则

女装设计的品类原则是为了更有效、更合理、更有针对性的结合市场、季节变化、区域差别,进行不同性质、特征的产品开发,赢得最大量化的市场份额。女装类别的品类区别原则是根据穿着场合的功用、季节的变化需求、以及产品本身的基本功能进行品类的划分。

流行女装中的主要种类有衬衫、大衣、休闲服、套装、裙子等,设计师要明确当季是流行裤装还是裙装,是流行休闲装还是正装。为了掌握趋势脉动,还必须特别留意单一流行元素重复出现的情形——即共同特征。如休闲服、套装都采用了亚麻面料,衬衫及大衣都采用同种领型,这些都是需要加以总结的资料。每一季度的流行特色都可以通过观察随处可见的流行服饰进行归纳而得出。人们将流行要素提炼、组合而成的个人风格,其实正如设计师发布的作品一样,都是流行趋势的标志。

(四) 流程原则

女装设计的流程原则是产品设计管理及控制的保障系统。为了保障产品设计运营的顺利进行,达到设计的最终目的,将产品优质地传输到销售终端,作为女装产品开发设计,必须根据女装产品多类别、多样式、多变化、高节奏、高频率等特点,建立相应的女装产品开发设计流程。首先,设计流程是为了到达设计目标建立的部门及部门的流程关系,同时,作为产品设计开发本身,为了实现产品开发目的,建立与产品开发实现有关环节的流程系统,从产品设计主题规划、系列款式设计规划到单款设计、单款设计打样及确认等环节,从面辅料的规划设计、面辅料的开发打样及确认各环节，从设计打样到产品设计标准的建立，不同品牌公司需建立适合的设计流程系统。一个健全的设计流程是产品开发顺利进行的前提，如果设计流程与运作环节不流畅，将影响到产品开发的顺利性，进而拖延整个产品开发的进程时间，因此女装设计的流程原则大到与各职能间的流程关系，小到设计自身环节的运行流程，是设计师不可忽略的问题，是设计过程高效优质的保障环节。

二、女装设计的形式美原则

形式美法则是美的通则，当构成服装的各要素之间统一和谐时，即服装的廓型、材料组合、形式构成、图案配置和谐时，能产生平衡美；当恰到好处地把握服装构成元素的大小、多少、强弱、轻重、虚实、长短、快慢、曲直等变化时，便产生韵律美、节奏美。所以要提高服装形式的美感，就必须从最基本的构成元素入手，考虑其形、其质、其色以及元素间的组配感觉。简洁的形式特征明确，是一种理智的、直观的美的体现，复杂的形式更强调构成的秩序之美、对比调和之美。

（一）重复韵律

指在一件衣服上不止一次地使用设计元素、细节和裁剪。这一设计元素或者设计特征可以被规则地或不规则地进行重复，在设计统一的前提下，又可以形成多样的效果达到设计目的。比如在服装局部以大面积纽扣装饰，这正是使用了设计的重复原则，通过纽扣这一简单的设计元素，以个体的不断重复，由点及面形成视觉中心。此外，重复亦可以成为女装结构的一部分，例如裙褶，或是织物本身的一个特征——条纹或重复印制的图案或重复应用的装饰物（图2-1）。

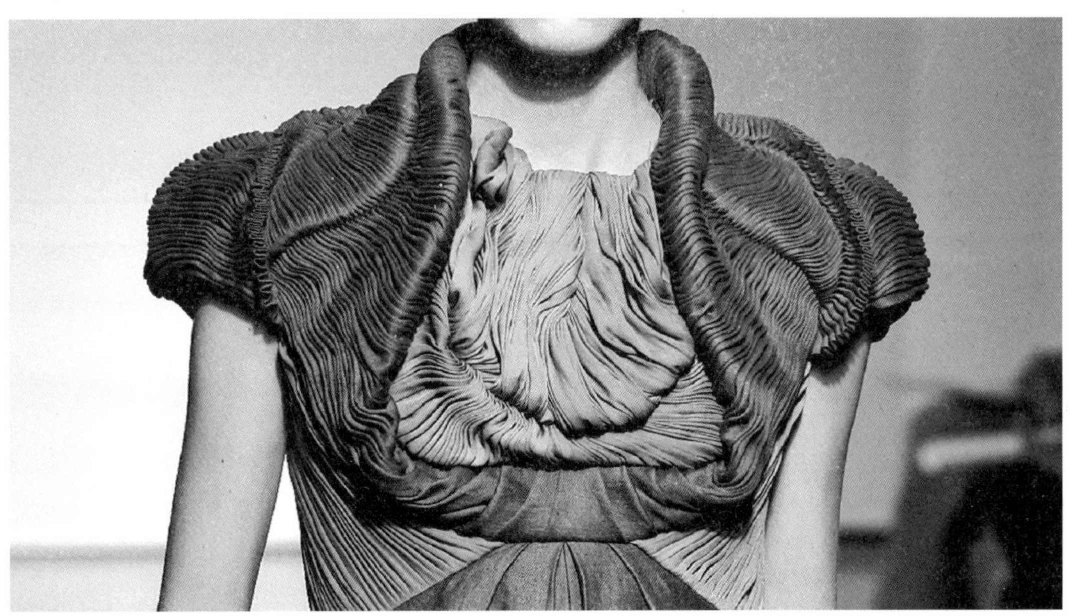

图2-1 重复的设计元素为女装带来节奏感和秩序感

在重复使用一个设计元素的同时，可以强调一定的韵律性，像音乐中的节奏，在平缓的韵律中，通过节奏创造出强烈的效果。无论是通过规则特征的重复还是通过印制在织物上的基本花纹表达，都要遵循设计的重复原则。

（二）对比原则

对比是设计过程中最重要的原则之一，它减轻了服饰整体效果过于统一的枯燥感，例如穿裤子时配一条对比色的腰带，颜色的撞击引起对服装特征细节及对配饰的注意力。对比特征引导视觉走向，在整体服装效果中产生新的焦点。

对比原则的运用需要谨慎，因为它们会成为比较重要的视觉中心。织物纹理的对比提升了衣料本身的效果，例如粗花呢的夹克配一件丝绸衬衣，通过面料质感、光泽度的对比提升了服装整体搭配效果。对比不需要走极端，要把握好一定的度和量，如穿裙装时搭配高跟鞋或平底鞋这样的区别（图2-2）。

图2-2　蝴蝶结是女装中最常用的元素，图中通过夸张蝴蝶结大小，改变常用位置等方式让这一元素与女装本身产生强烈对比，起到增强、突出的效果

（三）协调平衡

协调并不与对比矛盾，但其更强调相似性，主要体现为：色调不冲突，装饰手法不突兀，织物搭配得体等。在设计中，把织物、颜色、裁剪、装饰等和谐地融合在一起，才能体现出协调平衡的意境。一个协调的系列作品能够随意地组合和搭配，如在一个系列服装设计中，不同款式的外套、内搭、裙装、裤装等可以互相搭配，那么在达到协调平衡的设计目的同时在一定程度上可以促使提高服装销售额。

设计师通常会在服装设计中寻求平衡，例如排列整齐、大小相等的口袋以及间隔相等的纽扣等。如果所有重点都集中在领部时，服装会显得头重；或者，一条裙子太大或荷叶边装饰过度会显得脚重，这样的情况下平衡就受到了影响。一个不对称设计的焦点部分往往需要在整套服装的其他地方加上一个小一点的细节来呼应和平衡它。设计时要从全方位角度看服装，所有的角度都必须满足协调平衡原则（图2-3）。

图2-3 利用色彩、图案的大小、数量和位置关系的配比使女装达到均衡的效果是设计中的常用手法

（四）比例关系

在服装设计中比例的关系是设计的重点。比例关系运用的好坏，在于同样的元素在运用时可以成就也可以破坏一个设计，着力的多少是很细微的。比例使我们在视觉上将单独的部分与整体联系起来。它可以靠目测来完成，并不一定使用尺的测量，可以通过改变设计特征的比例或移动缝线和细节来创造出体型的错觉（图2-4）。

图2-4 同一设计主题下的三款女装因为腰线的高低不同，带来了完全迥异的比例关系和穿着效果

第三节　女装设计的基本元素

女装设计的基本元素是指在设计过程中必须考虑的基础因素。一般而言，把材料、色彩、廓型等称之为女装设计的基本元素，这些元素的选择与运用直接关系到最终设计结果的好与坏。因此，掌握设计基本要素的设计方法，观察、了解成熟款式中设计要素的运用以及将分析的结果合理运用于设计是每一位女装设计师所必须掌握的知识和技能。

一、女装设计基本元素的分类

（一）风格把握与策划

风格是品牌和产品生存的灵魂。女装品牌的设计多以风格为主线而展开，是与其他品牌产品进行差异化竞争的法宝。风格的体现离不开其他基本设计元素的烘托和组合，但同时又是指导、选择其他设计元素的前提。风格过于接近，消费者会产生认知困难。虽然风格可以顺应时代的变化而有所改变，但是，短期内品牌风格进行急剧的左右摇摆的变化将使消费者无所适从，品牌忠诚度也会因此而面临降至冰点的危险。

（二）面料认知与设计

材料是服装构成的基本要素。了解服装材料的基本条件和功能特点，着重理解有关材料的认知，了解材料与服装的关系，是从事女装设计的重要环节。作为女装设计师必须了解不同的材料如何影响服装的廓型和线条，各种材料的功能和外观特点，如何合理地运用材料达到设计效果，作为商品的服装如何在材料的选择和设计环节控制成本等内容，从而使设计师更好地掌控女装产品的设计。

（三）色彩选择与运用

色彩是服装构成的基本要素，理解有关色彩的认知，了解色彩与服装的关系，是从事女装设计的重要环节。作为女装设计师必须了解女装色彩的分类、色彩的性能特质、女装设计中的色彩组合及运用，以及针对不同消费者如何进行针对性的色彩设计等知识。

（四）款式造型与创意

款式造型与创意以及细节、局部的处理是女装设计中最关键的要素。是设计理念和想法得以展现的重要途径，也是女装风格得以落实的具体方法。款式的设计与服装廓型、结构线、零部件、装饰细节等细分元素密不可分。

二、女装设计基本元素的处理

女装设计元素的调整与处理必须在服从主题的前提下进行。主题是设计者所要表达的主旨、主题可以是一种整体风格的体现，可以是展现设计的独特创意，也可以是展现新型材质的美感，或者色彩美感、工艺的精美等。在服从主题的前提下，可运用形式美法则对设计的元素进行相应的调整。

（一）调整比例

比例是指物体和形状的线性再分，关系到形状、量感、色彩、面料、材质和细部与衣服之间的比例，这些因素的组合产生出各种各样的服装设计。

服装上的比例关系通常会影响服装的风格特征，经典的黄金比例更适合应用于实用装，而创意类、前卫风格的服装通常会采用对比夸张的比例，以达到强烈的视觉冲击力。比例一方面是指服装内部各部分的比例，如分割的长、宽比例，色彩运用面积的比例关系，还可指不同材料的占有空间的体积比例等。另一方面还指服装与人体的比例。在造型夸张注重创意的服装中，甚至会忽视人体的比例或用人体的比例衬托服装的比例。而实用装类的服装则会注重服装与人体的正常比例关系（图2-5）。

图2-5　不同风格女装产品运用不同的比例关系。从左到右：图1为常规的廓型与上下装比例展现S形柔美曲线；图2中的高级成衣为了展现强势的风格，采用了夸张的肩部比例；图3中采用失衡的下装比例与大面积的色彩对比突出该服装的夸张感

（二）调整节奏

节奏与韵律原本是音乐方面的术语。在音乐中，节奏是由音乐运动的轻重缓急而形成的形式因素，它包括时间的长短和力度的强弱两个方面，是指声音要素经过艺术构思而形成的一种组织形式。旋律是指若干乐章经过艺术构思而形成的有组织的和谐的运动。

在服装造型中，可以通过点的排列，线的分割，结构的起伏变化而感受到或有规律的节奏或跌宕起伏的韵律。另外，当服装在动态时，服装的立体造型会随人体而起伏变化，如跳动的音符，使服装更富有节奏与韵味。

节奏的调整如同演奏的乐章一样，要具有节奏的起伏变化。同样要根据主题风格来把握节奏。一件严谨而优雅风格的服装与一件动感而活泼风格的服装无论在色彩的节奏、分割的节奏上都具有较大的区别，这如同古典音乐与摇滚音乐的区别一样。

色彩也具有节奏，如色彩渐变的节奏是平缓、舒展的；对比强烈的色彩节奏是紧张、刺激的；柔和的粉彩系列节奏如小夜曲般浪漫迷人；鲜艳颜色的色彩搭配的服装会使人联想到欢快的圆舞曲，是轻舞飞扬充满生命的活力的节奏。

艺术之间彼此是相通的，当我们从服装上感受到节奏时，同样，我们也会从音乐中获得设计的灵感与启发（图 2-6）。

图 2-6　同样是条纹的女装设计，采用不同的粗细、间距、色彩和组合等设计可带给人不同的节奏感

（三）调整主次

在服装的整体造型中，形态的布局与安排，往往要分出主次和轻重。主要的部位就是设计

的中心和重点，是需要强调的所在；次要的部位是起到附属、衬托作用的，是需要削弱的地方。强调就是要精致一些、复杂一些；削弱就是要简洁一些、平实一些。

1. 主次

主次是时装设计中重要的形式美法则之一，又称为“主从”和“主宾”关系。在服装造型中，为了表达突出设计的主题以及重点，通常会在色彩、结构、工艺、装饰上采用有主有辅的构成方法。例如，色彩上以一种主色为主要颜色，大面积的运用，另外一种为辅助颜色，主要起到衬托主色，丰富色彩搭配的作用，面积要小于主色，而通常会有第三种颜色作为点缀色，使用面积更少，只是起到点缀的作用。通常小面积的色彩或服饰配件或局部的装饰会扮演点缀的角色。这三者之间就构成了主、辅、点的和谐有序的统一的主题。

2. 点缀

点缀在服装搭配中运用广泛，在点缀的形式构成中，点具有统领地位，运用得当的可以“锦上添花”，而运用不当的可能是“画蛇添足”或“喧宾夺主”，那按照主次关系应毫不留情地舍弃。恰当的点缀色可以映衬出服装的主辅色彩，使之更有精神。恰当的服饰品做点缀会使整体造型更具活力。如一件普通的连衣裙会因为一条闪亮的腰带或胸前的一个胸针而呈现出活泼的表情。由此可见，成功的点缀可引导视觉，使人们注意到局部的精彩之处，并使整体更有生机和活力（图 2-7）。

图 2-7 礼服中常常采用小面积的镂空、镶嵌、蝴蝶结、嵌条等方式进行点缀

3. 对比

在服装设计中，对比是指造型要素之间相反属性的一种组合关系。对比包括形式对比与内容对比。对比既是任何艺术作品中的一种客观存在，又是古今中外艺术家们普遍喜欢运用的艺术表现手法之一。因为对比手法是极具表现力的并具有普遍的意义。

服装造型与表现方面的对比包括：材料的质朴与奢华的对比，质地粗糙与光滑的对比等；色彩沉着与张扬的对比，灰暗与热烈的对比等；线条曲与直、刚与柔的对比等；细节简略与精致的对比；风格典雅与粗俗的对比，浪漫与保守的对比等。服饰艺术表现手法有藏与露的对比，扬与抑的对比，虚与实的对比，强调与削弱的对比等。

（四）调整视觉

调整视觉主要从两个方面入手，分别是调整服装与人的关系以及调整服装与服饰配件的关系。调整视觉的具体方法是强调,在服装设计中,强调可以从如下三方面进行。

1. 强调风格

所谓服装的风格就是服装所表现出来的内涵气质与艺术特点。风格是服装的灵魂,它体现了服装独特的个性,是指导设计的主旨。因此,在设计服装时为了突出服装的个性特征,可以对服装的风格进行强调,从而使服装不会流于平庸,缺乏个性。服装有很多风格,如优雅风格、浪漫风格、田园风格、运动风格、民族风格、休闲风格、严谨风格、前卫风格等。

设计师可以根据所要表达的主题风格,对设计元素进行整合,在强调风格的前提下,对有助于表达其风格的元素进行发扬光大,对不利于风格表达或与风格冲突的设计元素则进行削弱或删除(图2-8)。

图2-8 Henrik Vibskov的产品以趣味的视觉效果著称。这个系列的女装结合了街头风格,通过利用超大的轮廓、A型连衣裙、长款衣装层搭以及截短底边等元素,突出了微妙的趣味化视觉感受

2. 强调功能

服装的功能可分为实用功能与装饰美化功能,不同类型的服装有不同的功能,实用类的服装以实用功能为主,如冬日御寒用的羽绒服,主要要求防风、温暖的功能,款式设计必须服从于此项要求。运动服对服用功能的要求也很高,面料以吸湿透气的弹性面料为好,色彩以鲜艳活泼的颜色为主,可以使人感觉到运动的活力与激情。结构设计也应考虑到具体运动的状态要求。尤其一些特殊服装,如消防服装、潜水服装、航天服装、隔离服装等,由于穿着环境与穿着目的不同,必须强调功能性,一切从使用功能性出发进行设计与制作,设计时从造型、面料的质地、性能、色彩、结构、细节到缝制技术等方面,均以满足其功能性为主旨(图2-9)。

3. 强调创意

与实用服装强调服用功能相反,创意类服装或前卫风格的服装更多的是强调设计者的创意或设计才华。服装展现的是装饰性的美感或艺术性的唯美感觉。服用性能强的服装必须是科学的、理性的、注重内容的;而强调创意的服装相对来说是精神的、感性的、注重形式美感的。如参加大赛类的服装大多更注重创意性，而对服用的功能性则很少要求。如此，才可以使设计师的设计空间更宽泛，才可以最大可能地发挥想像力、创造力，自由地表达出自己的主题，展现出强烈的个性风格。面料采用也会突破常规，色彩运用、结构设计也必然会别出心裁。另外如另类、前卫、怪诞风格的服装也是从主题出发，贯穿于整个设计与制作的过程（图2-10）。

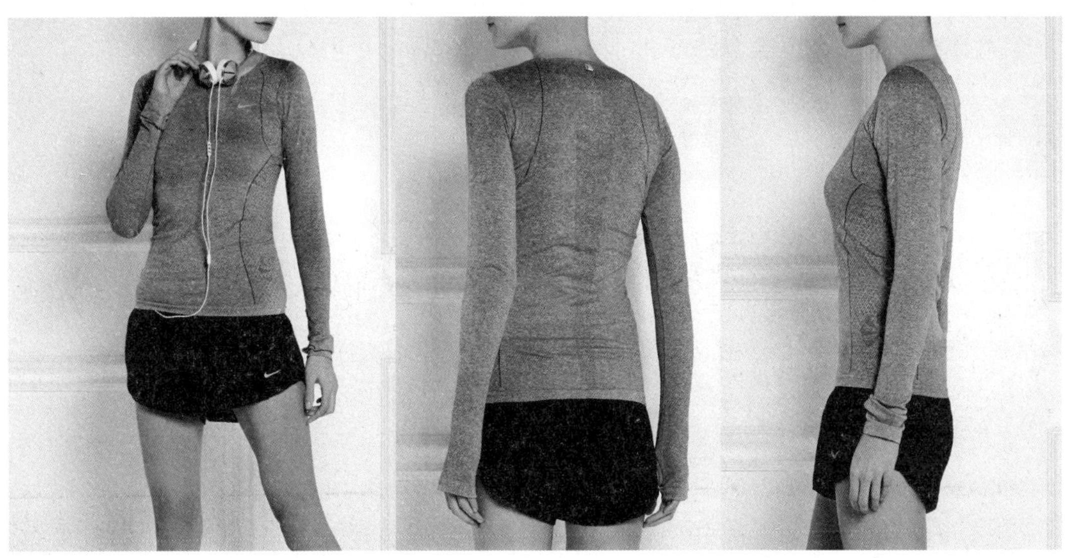

图2-9 Nike这款薰衣草色弹力针织跑步上衣的面料运用该品牌的Dri-FIT技术制成，可快速吸汗，确保穿着凉爽舒适。不同厚度的拼接料也有助于调节体温，拇指孔设计则可避免衣袖在锻炼时上窜

图2-10 解构是Maison Martin Margiela品牌女装的标志性处理，John Galliano淋漓尽致地诠释了这一设计概念。采用拼贴玩具车和看似骷髅的头骨设计，凸显个性化的恐怖元素，并通过中性黑色西装与一系列红色礼服展现系列另一番精致美感

4. 强调材料

强调材料或服装面料的设计，通常是用于展示新型的服装材料，注重表现材质的美感。当然，材质的美与风格、造型、色彩都是一个整体的，而不是孤立存在的。如运用金属片制作的服装，更注重材质的开发与运用，使服装呈现出未来、摩登的形态。又如三宅一生的褶皱服装，以体现材料的创新为主，其他的服装构成要素如结构、色彩、装饰等都相对简洁，以衬托出材料的个性美感(图 2-11)。

图 2-11　薄透面料的运用在 2015 春夏主宰了高级时装秀场。设计师相继采用绢网、欧根纱、巴里纱，并通过手工褶皱、套印、薄透亮片、过度刺绣、蚀刻效果，强化透明面料多变的可塑性。同时，为了配合这一新材料的运用，定制女装产品的廓型、装饰等设计均趋于简洁明快

本章小结

本章分别从三个方面对女装的类别和设计方法进行介绍：女装的常见分类、特征与典型范例，女装设计的基本原则，女装设计的基本元素分类与处理。熟练掌握女装的分类和特征是进行分类女装设计的前提，而女装设计的原则和元素处理方法都与形式美的基本法则密切相关，无论是什么风格或品类的女装，设计师都需要提升审美水平，并将其贯彻到设计的各个环节中去。

思考与练习

1. 女装还可以从哪些方面进行分类？结合典型的品牌和产品对其进行特征分析。
2. 女装基本设计元素之间有着什么样的联系？
3. 尝试综合运用女装设计元素的处理方法，进行一组女装设计的训练。
4. 选取一种女装分类方式，结合风格、色彩、面料等要素，进行女装设计的训练。

FASHION DESIGN 第三章 女装风格设计

服装是有风格的。现在的消费者在追求服装形式美和实用机能的同时,越来越注重服装本身的精神内涵和文化氛围。种类繁多的服装风格可以按照地域特征、时代特征、艺术流派、文化群体等多个方式进行分类,在本章节中挑选出女装最常用的几大风格进行说明,并列举了其在色彩、面料、款式、工艺等方面的典型表现,女装风格设计的研究与开发不仅是服装设计师的课题也是企划与营销人员的研究课题。

第一节　服装风格概述

一、风格的涵义

艺术中的风格是指由艺术作品的创作者对艺术的独特见解和用与之相适应的独特手法所表现出来的作品的面貌特征。风格必须借助于某种形式的载体才能体现出来。设计艺术是艺术中的分支,不可分割地带有艺术的特征。每种艺术样式都有自己的风格,尽管艺术载体的不同使得艺术样式门类繁多,但是,不同艺术样式的艺术风格却有相当的一致性。音乐、美术、建筑都有巴洛克和洛可可风格,也都有印象派和后现代风格,这是因为艺术的发展不是孤单的,必定是在一个社会形态中交替发展和相互影响的。

二、服装风格的涵义

服装风格是指服装设计师通过设计方法,将其对服装现象的理解用服装作为载体表现出来的面貌特征。服装设计是艺术设计中的分支,其作品也具备一定的艺术风格。正因为服装只是部分地带有艺术特征的产品,所以艺术风格的含量也随之减少。服装风格具有明显的商品特征,商品的属性使得服装风格带有不稳定性。

三、影响服装风格的重要因素

(一) 服装市场的细分

市场正呈现越来越细分化的现象,市场细分化的结果使得原先的空缺被塞满,令品牌间的风格差异细微化,正如一个色相环上只有三组对比色时,每个色彩之间很容易区分,当一个色相环上出现 100 个甚至上千个色相时,邻近色的区分将变得非常困难。服装品牌层出不穷造成品牌风格"撞车"现象增多,从客观上引起品牌风格模糊。

(二) 相关行业的发展

服装构成元素中的许多成分不断蜕化和演进,造成原有认识的局限与不足。尤其是左右服装外观效果的面料不断推陈出新,促使服装风格发生较大转换,引起服装风格的认知困难。电脑喷印、泡沫印花或无线缝纫等新加工技术对服装风格的改变也产生一些影响,服装风格模糊性的特点和新生消费者审美观的改变导致原有风格发生忽左忽右的偏离。

(三) 从众心理的驱使

一个品牌经过一定时期的生存,需要适当地改变风格而适应时代发展。社会的发展是人类思维发展的结果,人类将思维结果付诸行为,改变了社会的原有状态,达到新的平衡。服装作为社会构成的一个部分,不可避免地跟随着社会轮子滚动,服装风格进行着宏观上的变化。对于生产企业来说,生产商品的首要目的是盈利。既然服装是商品,服装企业首先考虑的是如何扩大市场份额。面对激烈的市场竞争,大部分服装企业会受到从众心理的影响而盲从流行。只有流行的,市场销售的总量才是大面积的,对一些无法把握品牌风格的中小企业来说尤其如此。

第二节　常见女装风格分类

一、经典风格

（一）风格简介

经典风格的女装以经典传统作为创作灵感，具有深厚的文化背景。通常样式较为保守、不太受流行的左右，有相对稳定的服装风格和着装标准。整体追求品位和高雅，工艺考究，体现高度的穿着品质，风格成熟，能被大多数消费者接受。

（二）典型特征

经典风格的女装在设计时有以下典型特征与要点（表3-1、图3-1）：

表3-1　经典风格女装典型特征与要点

常用品类	色彩	面料与图案	廓型	部件与装饰	工艺与结构
职业装 礼服 其他经典女装	无彩色 中性色 饱和、沉静、高雅、古典	多为单色精纺面料 传统条格	稳重、传统 多为X型、Y型、A型、箱型	常规部件设计 装饰精致、典雅	工艺考究 版型端庄、大方 常规的结构线设计

图3-1　经典风格女装——BURBERRY

二、前卫风格

（一）风格简介

前卫风格的女装多为打破传统和经典的设计，追求新潮、个性，具有现代设计元素特征，是前沿流行文化的集中体现。前卫风格的女装通常样式超前、富于幻想、变化丰富，受艺术流派和文化思潮的影响较大。设计上强调多种对比元素的运用，造型夸张，力图营造标新立异、反叛刺激的形象，个性鲜明，不易被大多数消费者接受。

（二）典型特征

前卫风格的女装在设计时有以下典型特征与要点（表3-2、图3-2）：

表 3-2 前卫风格女装典型特征与要点

常用品类	色彩	面料与图案	廓型	部件与装饰	工艺与结构
礼服 舞台女装 概念女装	对比强烈 高纯度、高明度、高饱和度	新颖时尚面料 光泽与涂层 非服用面料	超大、超小 打散与重组 体量感的塑造	夸张部件设计 装饰新奇、别致	新工艺与技术 版型夸张、新奇

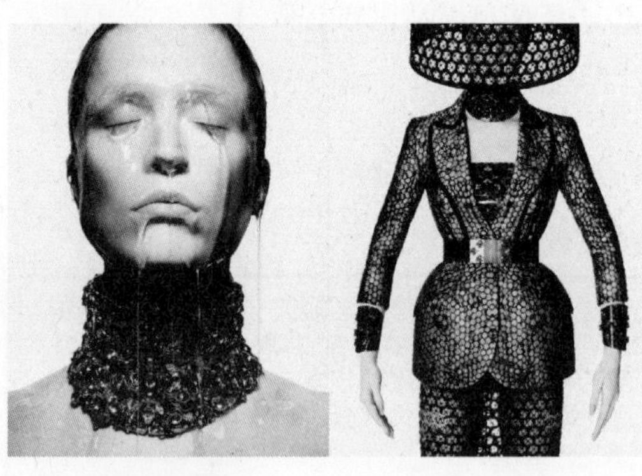
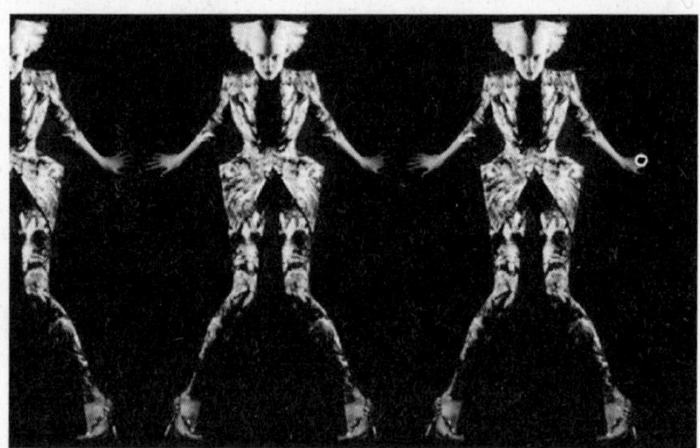

图 3-2 前卫风格女装——ALEXANDER MCQUEEN

三、休闲风格

（一）风格简介

休闲风格的女装概念是伴随人们对休闲生活方式的追求出现的，多借鉴运动装的设计理念，强调舒适性与时尚性、功能性的结合。休闲风格的女装大方利落，轻松活泼，受时尚潮流元素的影响较大。设计上追求实用性，是绝大多数消费者日常穿着的服装风格。

（二）典型特征

休闲风格的女装在设计时有以下典型特征与要点（表 3-3、图 3-3）：

表 3-3 休闲风格女装典型特征与要点

常用品类	色彩	面料与图案	廓型	部件与装饰	工艺与结构
日常女装	柔和、自然 中性色、驼色 鲜艳的点缀色	舒适、休闲 耐磨、实用 天然纤维	较宽松的廓型 简洁实用	功能部件设计 装饰时尚	版型舒适、实用

四、运动风格

（一）风格简介

运动风格的女装多借鉴运动装的设计元素，充满活力，是穿着面较广的、具有都市气息的女装风格。运动风格的女装减弱了年龄、性别和阶层的差异，带给人青春、活力、充满朝气的感觉。现在的运动风产品越来越多地和流行元素结合到一起，也更强调功能性和舒适性，是非常重要的一类服装风格。

图 3-3　休闲风格女装——H&M

（二）典型特征

运动风格的女装在设计时有以下典型特征与要点（表 3-4、图 3-4）：

表 3-4　运动风格女装典型特征与要点

常用品类	色彩	面料与图案	廓型	部件与装饰	工艺与结构
日常女装 户外女装	鲜艳的亮色	透气、排汗 弹力、舒适 色块、条纹、字母、LOGO	较宽松的廓型 运动廓型	功能部件设计 运动感装饰	版型舒适、实用 人体工学设计

图 3-4　运动风格女装——LACOSTE

五、都市风格

(一) 风格简介

都市风格是具有都市情调的、符合都市人快节奏生活和礼节性交往的服装风格。该风格的女装从现代设计观念和设计视角出发,用最简洁的设计语言构成现代服装主题。现代感强,是都市女性最常选择的着装风格。都市风格和休闲风格的女装往往有着很多共通的特点,相比起来,都市风格更加简洁、时尚,休闲风格更随意、实用。

(二) 典型特征

都市风格的女装在设计时有以下典型特征与要点(表3-5、图3-5):

表3-5 都市风格女装典型特征与要点

常用品类	色彩	面料与图案	廓型	部件与装饰	工艺与结构
日常女装	无彩色、中性色 多为冷色调	天然纤维、化学纤维 一定的弹力和防水透气性能	简洁实用的廓型 多为直线型	简洁大方	版型舒适、实用

图3-5 都市风格女装——ZARA

六、乡村风格

(一) 风格简介

乡村风格是一种具有乡村情调的,融入豪放、悠闲元素的服装风格。与乡村风格比较接近的是田园风格,这两种风格的产生均可以被认为是对现代工业文明的一种反映,体现了人们寻求单纯、平静、自然的生活方式的渴望。反映在女装设计上,乡村风格的产品追求的是淳朴和自然，极力削弱工业化商品的单调感。服装穿着舒适，有一定的乡土韵味，并融入大量手工传统。

（二）典型特征

乡村风格的女装在设计时有以下典型特征与要点（表3-6、图3-6）：

表3-6 乡村风格女装典型特征与要点

常用品类	色彩	面料与图案	廓型	部件与装饰	工艺与结构
日常女装 女裙	大地色 多彩	棉、麻、羊毛等天然纤维 花卉植物纹样	宽大的廓型	粗犷、质朴的部件与装饰设计	版型舒适、实用

图3-6 乡村风格女装——THURSDAY ISLAND

七、民族风格

（一）风格简介

民族风格的女装是汲取民族民俗服装元素的、带有复古气息的女装。“民族风格（Ethnic）”一词的意思为民族或民族性的风格。在服装中原指根据世界各国地方特有的文化、风俗、习惯等特色，经编织、染色或手工艺刺绣加工的服装，是在当地人民中代代相传的服饰。现在的民族风格服装延伸为具有强烈民族特征的现代服装。

女装设计师在诠释民族风格的时候通常将主题分为两个大类：一是对原有本国的民族服饰进行怀旧设计，即在原有民族服饰的基础上进行适当的改良和调整，一般变化不会很大。第二种是对非本国的地域性民族服饰进行借鉴，然后重新诠释，创意出带有“少数民族风貌”的设计。

（二）典型特征

民族风格的女装在设计时有以下典型特征与要点（表3-7、图3-7）：

表 3-7 民族风格女装典型特征与要点

常用品类	色彩	面料与图案	廓型	部件与装饰	工艺与结构
日常女装	中性色 多彩	多为天然纤维 几何纹样、花卉	实用的廓型 长款	银饰 层叠	版型舒适、实用

图 3-7 民族风格品牌 ETRO 的女装产品

八、浪漫风格

(一) 风格简介

浪漫风格的女装是具有浪漫情调的,透露出随意、潇洒、飘逸风范的服装风格。西方服装史里,浪漫主义风格女装的典型代表为洛可可时期的女装,该时期的女装华贵典雅、装饰精美。

(二) 典型特征

浪漫风格的女装在设计时有以下典型特征与要点(表 3-8、图 3-8):

表 3-8 浪漫风格女装典型特征与要点

常用品类	色彩	面料与图案	廓型	部件与装饰	工艺与结构
女裙、女上衣等 日常女装 礼服	粉彩色调 朦胧、轻柔	轻薄、飘逸 花卉	垂坠与飘逸的廓型 层次感	装饰繁复 荷叶边、蝴蝶结、褶皱	版型舒适

九、中性风格

(一) 风格简介

中性风格的服装指的是无显著性别特征的、男女皆可适用的服饰。中性风格的女装要尽量减弱传统女装所展现的温柔、柔美、轻盈、性感等特点,加强稳重、力量、潇洒、干练等特点。

图3-8 浪漫风格女装

(二) 典型特征

中性风格的女装在设计时有以下典型特征与要点(表3-9、图3-9):

表3-9 中性风格女装典型特征与要点

常用品类	色彩	面料与图案	廓型	部件与装饰	工艺与结构
西装、衬衫、裤子、外套等女式正装礼服	黑白灰无彩色藏青、驼色等沉稳的经典色	精纺面料 细小的条格、千鸟格等经典男装纹样	H型 Y型 长款	装饰简洁	版型舒适

图3-9 中性风格女装

十、简约风格

（一）风格简介

简约风格的女装设计元素简洁精炼的，是干净利落的服装风格。

（二）典型特征

简约风格的女装在设计时有以下典型特征与要点（表3-10、图3-10）：

表3-10　简约风格女装典型特征与要点

常用品类	色彩	面料与图案	廓型	部件与装饰	工艺与结构
日常女装 礼服	中性色 无彩色 单纯色彩	无图案 微型图案 超大单一图案	简洁的廓型	同色系拼接或装饰	版型舒适、实用

图3-10　简约风格女装——JIL SANDER

十一、未来风格

（一）风格简介

未来风格的女装强调元素简洁精炼、干净利落。这一类风格的女装在色彩、面料以及款式设计上都追求新潮、前卫的风尚，同时融入高科技时代的前沿技术。

（二）典型特征

未来风格的女装在设计时有以下典型特征与要点（表3-11、图3-11）：

表 3-11 未来风格女装典型特征与要点

常用品类	色彩	面料与图案	廓型	部件与装饰	工艺与结构
日常女装 礼服	黑白灰无彩色 银色 明黄、宝蓝等高饱和点缀色	轻薄面料 涂层处理 光泽感 膨胀感	球形廓型 A 型 紧身或夸张的超大廓型	简洁无装饰 机械感拼接	夸张的结构 流线形的结构 功能结构设计

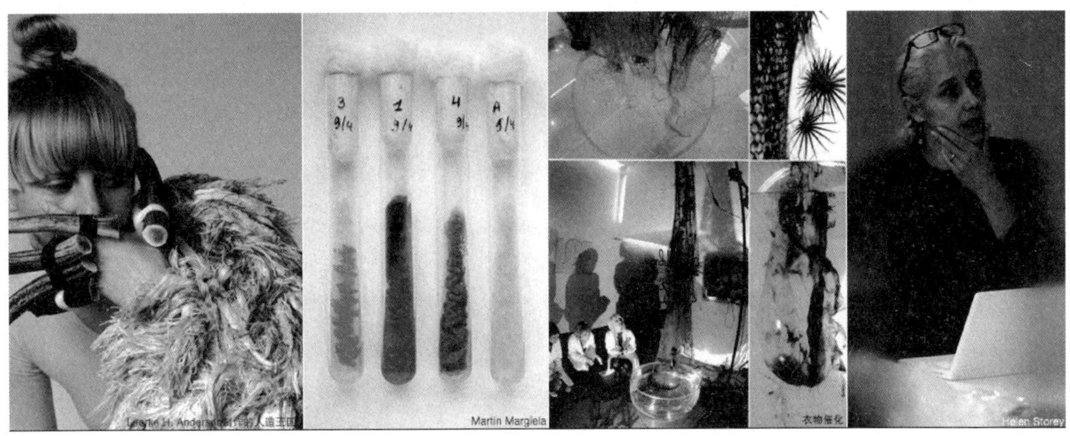

图 3-11 未来风女装：设计师将服饰看作有生命的皮肤，能够通过崭新的有机方式生成，并彰显生物属性。Martin Margiela 将新生和衰败的自然循环与购买和废弃的消费周期相比拟。教授 Helen StoreyMBE 是一位艺术家和时装设计师，尝试采用自行分解的材料。通过与伦敦时装学院和 Tony Ryan OBE 合作，她开发了衣物催化（Catalytic Clothing）系列。资料来源于 stylesight

第三节 女装风格培养与实现

女装风格的形成不能仅凭对一件或几件女装成品的判断，它是服装设计师在长期实践中逐步摸索形成的，依靠的是设计师对女装文化的了解、对流行信息的敏锐度、对服装市场和产品的经验以及自身的审美与设计修养。对于女装设计师来说，了解风格形成的要素，培养自己的设计风格是非常必要的。

一、女装风格形成的要素

（一）历史时代与社会环境

任何设计师的风格都是在一定历史时代环境中形成的，女装设计师也不例外。例如极简风格女装设计师活动在那个特定的时代氛围中，是时代的产物，相对这一风格来说，其他风格的设计师会较少甚至不会出现在这一时期。这也是为什么在特定的时期会涌现出大批有着同样设计风格的设计师和作品来，并且不会仅仅局限于某一领域。人们往往会发现历史性或地域性风格的展现是在服装、家居、建筑、音乐、艺术等领域同时并行的。这一类女装风格的产生可能依附于当时当地的政策与经济状况，也可能受到宗教和文化的影响。现在，女装风格的形成更多的依赖于人们的生活方式。

（二）文化传统与设计修养

无论是哪一类设计，都是在传统的内外包围中进行设计的，女装设计也是如此。女装风格的创新离不开传统的影响。不少新的女装风格都或多或少地保留了以往的风格特点。例如19世纪的新古典主义风格、浪漫主义风格、新洛可可风格等都是受到古希腊古罗马服装风格以及传统宫廷风格的影响和启发，包括现在非常流行的复古风格也与20世纪不同朝代的女装风格密不可分。因此，培养、发展自身女装风格的素养需要女装设计师了解熟悉女装文化传统，从历史中汲取可以借鉴的部分。

（三）科技技术与姊妹艺术

同时代的姊妹艺术和科技技术的发展也为新风格的开拓提供了丰富的灵感和支持。具有突出风格的著名设计师的成功对同时代其他领域设计师的影响常常是非常巨大的，这就是“他山之石，可以攻玉”式的跨门类、跨行业的借鉴。当今，信息技术的发展使得各行各业的杰出设计能通过便捷的信息渠道迅速传播到全世界，也令这种向同时代创造者学习的方法得以顺利实现。同时，科技技术的兴起和发展使得女装无论从灵感、面料还是廓型的创意得以扩展并为其提供技术支持，风格的延展更加多变。

二、女装风格的具体实现

（一）通过造型设计实现女装风格的表现

造型是实现女装风格的基础，是反映风格特征的最直观元素。不同的女装造型带给人不同的审美体验。贴体或夸张的S型曲线带来充满女性化的风格，流畅柔顺的长线条造型是浪漫风格的典型特征，H型与箱型给人严谨、中性、刻板的风格，A型廓型则多表现活泼、可爱的风格（表3-12）。

表3-12　典型风格造型表现

典型风格	造型表现要求	造型设计要点
商务风格	稳重、大方、得体	H型、小A型，尽量减少夸张的线条
民族风格	民族风情	采用独特的零部件，例如立领、羊腿袖、盘扣等
前卫风格	夸张、标新立异	打破形式美的一般法则，造型夸张大胆，标新立异，解构、不对称和非常规的廓型与部件设计

（二）通过面料组合实现女装风格的表现

面料对女装风格的表现起着重要的作用，同一色调、同一款式的女装因材料的不同、图案的不同就会给人完全相反的风格。轻薄柔软、滑爽飘逸的丝质面料适合展现浪漫女性化的风格；厚重质朴、肌理感强的棉麻织物适合展现自然、休闲的风格；光泽耀眼、纹样华贵的丝缎适合表现宫廷风格；精纺面料造型挺括、含蓄舒适，是商务风格类女装的常用面料；透气轻薄、功能性强的合成面料多用于户外风格的女装（表3-13）。

表 3-13 典型风格面料表现

典型风格	面料表现要求	面料设计要点
商务风格	内敛、简洁、稳重	精纺面料，纹样多为细条格、千鸟格、菱形或暗纹，经典雅致
运动风格	舒适、功能	弹力针织、棉、功能面料等，注重面料的透气、舒适和功能塑造，几何与拼接图案是纹样设计重点
乡村风格	朴素、自然、清新	多为棉、麻、毛呢等天然纤维、粗犷的手感与肌理、采用花卉与几何纹样、手工感强
浪漫风格	飘逸、柔美、女性化	纱绉、雪纺、透明或半透明面料、花卉元素的运用
民族风格	淳朴、富有异国情调	以手工印染特色为主的面料和棉麻丝毛及刺绣品

（三）通过色调调和实现女装风格的表现

通过色彩的选择、调和与组合也能更好地展现不同风格的女装特点，此时的设计方法多利用色彩的联想性和象征作用。沙砾色、驼色、米色、棕色等适合猎装风格的女装，各种调性的绿色、黄色、蓝色适合自然风格的女装，柔美的嫩黄、浅绿、粉红、象牙色等渲染了纯真浪漫的女装，浓艳饱和的酒红、墨绿、宝蓝搭配璀璨的金银古铜等色适合华丽的宫廷风格，彩虹般的多色调以及靓丽的荧光色则是都市与街头风格女装的常用搭配（表 3-14）。

表 3-14 典型风格色调表现

典型风格	色调表现要求	色调设计要点
经典风格	含蓄、稳重、大方	黑白、藏青、米驼、酒红等沉静的色彩
宫廷风格	华贵、复古、优雅	浓艳饱和的酒红、墨绿、宝蓝、紫色、金银、古铜色调、黑白
民族风格	古朴、效果强烈	色彩单纯鲜艳斑斓浓郁，黑色在民族风格的女装中运用较多
自然风格	原生态、舒适	大地色、森林色系的大量运用

（四）通过装饰细节实现女装风格的表现

或简约或繁复的装饰细节与工艺配合相应的造型设计，能从小处丰富女装风格的展现。经典风格的女装产品细节设计往往精巧雅致，工艺精湛；简约风格的女装分割巧妙别致，装饰简单；民族风格的细节设计需要突出地域特色，常常要用到精美的刺绣、盘珠等手工艺；前卫风格的细节设计夸张、突出、形态巧妙大胆，让人有意想不到之感（表 3-15）。

表 3-15 典型风格装饰细节表现

典型风格	装饰细节表现要求	装饰细节设计要点
商务风格	精致、干练	精致的嵌条、滚边等，靓丽的配饰
运动风格	便于运动、功能性	防水、防风、舒适、透气等功能性细节
民族风格	淳朴、富有异国情调	较多地利用流苏、刺绣、缎带、珠片、盘口、嵌条、补子等工艺手段进行装饰

本章小结

本章分别从三个方面出发对女装风格设计的相关内容进行介绍:服装风格的涵义,影响服装风格的重要因素,常见女装风格分类与特征。风格的设计是统领色彩、面料、图案、细部、装饰、搭配等要素的核心,需掌握每种常见风格的典型特点和运用方式。

思考与练习

1. 市场中常见的女装风格有哪些,分别有什么特点和表现?
2. 以上所有风格的女装有重合或相似的设计表现吗?
3. 选择1种或2种风格进行女装设计训练,注意该风格在色彩、面料、廓型、细节以及搭配上的传统要求和表现。

第四章 女装廓型设计

廓型设计是女装款式设计的基础，是对女装造型特征最简单、直接的概括。对于女装设计师来说，了解基本廓型特征，借助合理的工艺手段与相应的面料表现出具有一定特征的服装廓型，是女装设计中不可或缺的环节。

第一节　服装廓型概述

一、服装廓型的涵义

廓型的原意是影像、剪影、侧影、轮廓，服装设计中将廓型引申为外轮廓，即服装外部造型的剪影。服装造型的总体印象是由服装的外轮廓决定的，它进入视觉的速度和强度远远高于服装的局部细节。因此廓型是区别和描述服装的重要特征，也是服装造型的根本。

在产品的设计创作与实际运用中，服装廓型的特色不仅仅与外轮廓的形状相关，还需要结合服装的合体度以及长度进行整体分析。外轮廓的形状描述在本章的其他小节有更加具体的分类方法，这里简要说明一下合体度和长度的大致分类。服装的合体度可以从紧身、合体、宽松三个方面进行描述。而长度根据不同的服装品类可以有不同的细分，例如裙长可以有迷你、及膝、中长、长裙、及踝、拖地等，上衣可以有超短、短款、及臀、长款、超长款等分类。

二、服装廓型的重要性

(一) 服装廓型是展现时代风貌的重要体现

服装外轮廓的变化与时代脉搏是紧密相连的，它的变迁留下了明显的时代痕迹。廓型的变化直接反映了当时的社会政治、经济、文化的特点以及时代审美趣味。进入 20 世纪之后，每隔 10 年都会产生新的服装廓型，例如 20 年代的查尔斯顿型、30 年代的长线条型、40 年代的 H 型等，而 1950 年代是廓型爆炸的年代，在设计师 Christian Dior 的引领下，服装界涌现出非常多的廓型变化。一般来说，局势平稳、经济繁荣的时期往往会追求奢华、优雅的服装，廓型大多展现优美的线条；而局势紧张或者处于战争时期，军装工装一类的产品成为主流，廓型大多体现制式化的特征，H 型、箱型廓型会广泛流行。

(二) 服装廓型是表达人体美的重要手段

从着装目的出发，服装最重要的功能之一就是为了表现人体之美，并通过突出原本的优美曲线、掩饰人体不足、改变人体自然体态、进行美化装饰等手法实现。每个时代对于人体美的理解的不同造成了人们对廓型的追求不同，例如漫长的封建时期，人们对于人体美的理解是纤细和 S 型曲线，所以束胸衣和大体积的蓬裙构成了那一时期的主要服装廓型。一战后人们更愿意展现人体自然的曲线，自由、舒适、自然的状态成为审美的主流，因此 H 型、宽松的廓型是那一时期的主要廓型（图 4-1）。

三、影响服装廓型变化的重要因素

(一) 审美传统变迁促进廓型的转变

审美传统的变迁是促进廓型发生转变的首要因素。上一小节里已经提到，不同时期人们对于人体美的不同理解和不断追求促进了服装廓型的转变。即使是同一时期、同一地区，也会存在多种审美观。和服装流行一样，审美观也会有回溯，这也造成了很多复古造型不断地出现在现代 T 台上。

图 4-1 不同时期对人体美的不同展现

(二) 政治与经济因素对廓型的影响

政治和经济因素对服装廓型的影响同样非常明显。历史上,政治、军事等要素对服装廓型产生的变化大多是强制性的、非自发自愿的形式,并且影响范围比较广泛,所造成的廓型改变往往不会受到人们的再次青睐(图 4-2)。而经济的繁荣和紧缩状况也会对廓型的变化产生作用,经济紧缺的时候,大家需要利用有限的物资进行服装生产,在服装的用料上会更加谨慎。相对来说,经济状况不好的时候,实用的、经典的、经久耐用、适合多个场合的服装廓型会是主流;而在经济繁荣的时候,奢华的、夸张的、表现力强的服装廓型会更为流行。

图 4-2 中国 20 世纪 70 年代的服装廓型

(三) 新科学技术带来新的服装廓型

新的科学技术也能带来服装廓型的改变。一方面新的科技进展可以引发人们对未来服装穿着方式、穿着状态的畅想,另一方面新的面料科技也令以往天马行空的廓型方案得以实现。受到传统面料织造方式的制约,很多服装的廓型往往因为面料特性的问题而无法成形,现在这一问题已经随着新技术的不断提升而逐步得到解决,尤其是越来越多的非服用性材料加入后,服装新廓型的衍变就更加多元了(图 4-3)。目前 3D 打印技术大行其道,如果常规的面料也能够通过 3D 技术打印出来,那么更加丰富、更加复杂的服装廓型也会很容易实现。

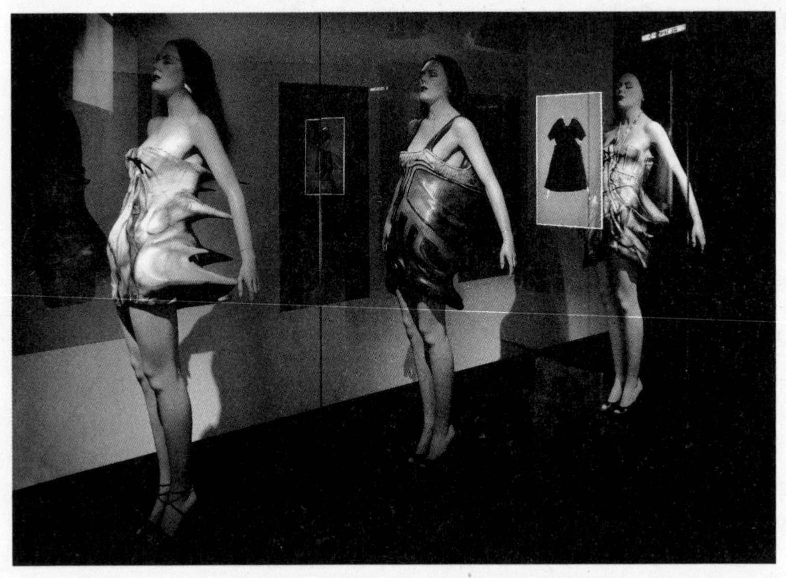

图 4-3 新颖的材料运用令 Hussein Chalayan 的创意作品有着独特的廓型

第二节 女装廓型设计概述

一、女装廓型的典型分类与特征

(一) 按字母形分类

对女装的基本廓型进行分类,不仅有利于系统化地研究女装造型特征。同时,针对基本廓型进行延伸设计还能够快速、有效地开发新的外轮廓创意。无论是哪一种类型的分类都不仅仅是针对单件女装而言的,廓型的形成还可以是多件女装品类组合构成的综合轮廓。这其中,利用字母形进行女装廓型的分类最为常见。以几何字母命名服装廓型是法国时装设计大师克里斯汀 · 迪奥首次推出的,在千姿百态的服装字母形廓型中,最基本的有 6 种:X 型、H 型、A 型、Y 型、O 型、T 型。

1. A 型廓型

A 型廓型是较为年轻化的廓型,其特征为肩部略收、从肩部、腰臀部至下摆逐渐放大,整体呈现上窄下宽的三角形。通过由上至下、渐进式的增加服装的围度营造或活泼或优雅的风格。A 型廓型多用于制作连衣裙、半身裙、斗篷、上衣、短外套等品类(图 4-4)。

图 4-4 A 型廓型的特征与典型款式

2. H 型廓型

H 型廓型是非常中性化的廓型,其特征为平肩、腰部放松、整体呈现直线形,通过弱化肩、腰、臀的差别塑造中性化的特征。H 型廓型适合展现稳重、简约的风格,多用于制作职业装、运动装、休闲装,适合连衣裙、外套、上衣等多个品类的制作(图 4-5)。

与 H 型廓型比较相近的还有 I 型廓型,与 H 型相比,其造型特点是更加修长、纤细、简约。

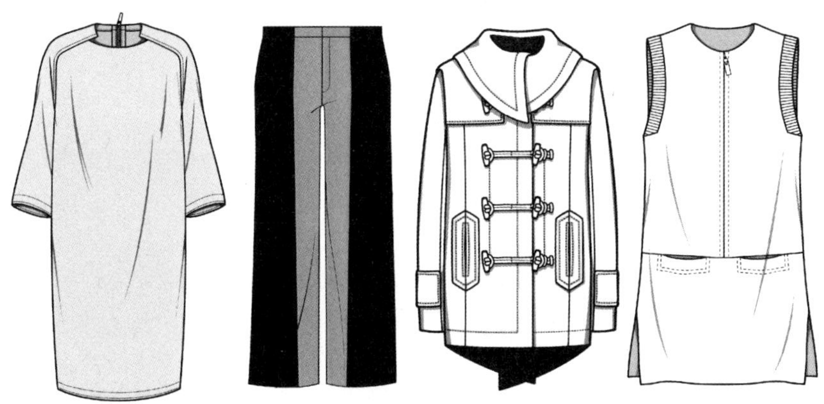

图 4-5 H 型廓型的特征与典型款式

3. O 型廓型

O 型廓型是较为休闲、夸张的廓型,其特征为肩部适体、腰部放大、下摆内收,整体呈椭圆形或圆形，肩部、下摆、腰部等部位均没有明显的棱角。O型廓型适合展现活泼、生动有趣的风格，多用于制作女休闲装、运动装、家居服及夸张的舞台装等，这其中又以大衣和中长款女上衣为主要品类(图4-6)。

图4-6 O型廓型的特征与典型款式

4. T型廓型

T型廓型是非常男性化的廓型，其特征为肩部夸张、下摆内收成上宽下窄的造型，通过肩部与其他部分的强烈对比塑造强势、男性化的特征。T型廓型适合展现阳刚、洒脱、大方的风格，多用于制作大衣、具有军装风格的女上衣或夸张、前卫的表演装(图4-7)。

与T型廓型比较相近的还有Y型廓型，这种廓型的表现为肩部夸张、腰部至臀围线方向收拢、胸腰部位大多采用收省或叠褶处理，下身较窄长贴身，兼有X型和T型的特点。

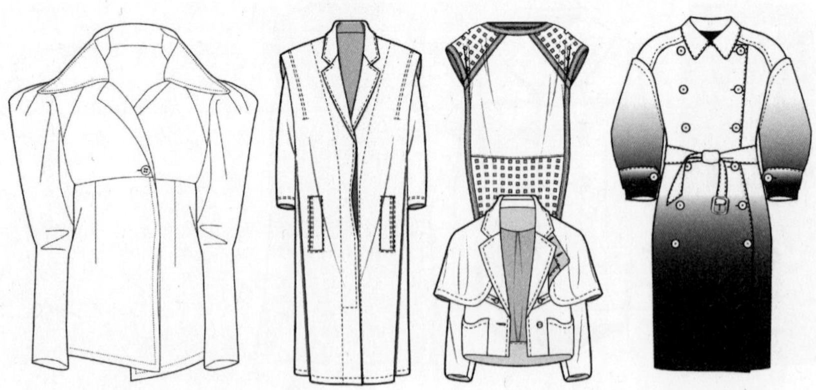

图4-7 T型廓型的特征与典型款式

5. X型廓型

X型廓型是最女性化的廓型，其特征为对肩部和臀部进行强调或夸张，同时收紧腰部的围度，通过显著的胸、腰、臀差营造婀娜的女性化曲线。X 型廓型适合展现浪漫、性感、优雅、女性化的风格，多用于礼服、连衣裙、女外套等品类的制作。

根据女装长度、围度以及胸腰差比例的不同，X 型廓型还可以派生出多种子类型：自然 X 线型、夸张 X 线型、上贴下散型 X 线型等。以连衣裙为例，自然 X 线型以人体曲线为基准，塑造较宽的肩部、收腰、自然的臀形、散开的裙摆；夸张 X 线型的肩部夸张、束腰、臀围较大、裙摆呈伞状；上贴下散型 X 线型的特点为臀围线以上紧身，裙摆散开（图 4-8）。

图 4-8 X 型廓型的特征与典型款式

（二）按物象形分类

物象形廓型是以大自然或生活中某一形态相像的物体来命名女装的廓型。采用这一类的分类具有直观、亲切易于联想等特点。用来命名的物体可以是几何图形，也可以是自然存在的动植物及物品等（图 4-9）。相比起字母型的分类来说，物象形分类种类繁多，其中也有很多类型可以和字母型一一对照起来，这里简要介绍最为典型的几个类别：

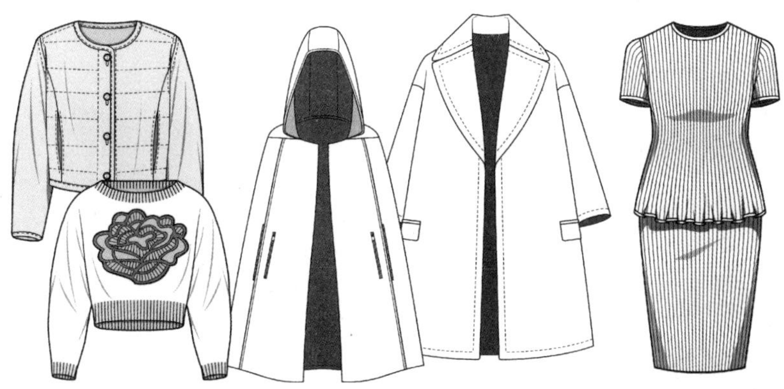

图 4-9 箱形、三角形、沙漏形等物象型的特征与典型款式

1. 箱形廓型

箱形廓型的特征表现为从肩部或腰臀部往下成箱状的造型。与箱形廓型相近的廓型有 H

型廓型、方形廓型等。这一类的廓型适合表现中性化或男性化的硬朗女装。

2. 茧形廓型

茧形廓型的特征表现为肩部圆润适体，袖笼或腰部围度放大，下摆略收。与茧形廓型相近的廓型有纺锤形廓型、O 型廓型、气球形廓型等。这一类的廓型适合表现夸张、大气的女装。

3. 沙漏形廓型

沙漏形廓型的特征表现为肩部圆润适体，腰部收紧，臀部适合人体体型，形成似沙漏的造型。与沙漏形廓型相近的廓型有酒瓶形廓型等。这一类的廓型适合表现性感、女性化的女装。

4. 三角形廓型

三角形廓型的特征表现为肩部圆润适体，腰部放松，臀部加大松量，形成似三角形的造型。与三角形廓型相近的廓型有梯形廓型、A 型廓型等。这一类的廓型适合表现活泼、浪漫的女装。

（三）按结构线分类

女装中很多轮廓还和省道、分割线等结构线密不可分，例如腰线、公主线等。以腰线的高低为标准，女装典型的廓型还包括有查尔斯顿廓型和帝政廓型。查尔斯顿廓型的特征表现为腰线低到臀部的位置，整体呈现 H 型。帝政廓型的特征表现为腰线非常高，位于胸部以下，下摆自然垂坠或呈伞状散开。

二、20 世纪重要年代典型女装廓型

（一）1920 年代典型女装廓型与成因

1920 年代的典型女装廓型为查尔斯顿型和 H 型，这其中又以低腰线的查尔斯顿型为代表性的年代时尚。影响这一廓型产生的要素有自由解放运动以及异域东方文化的兴起。1920 年代正值第一次世界大战结束，社会从严格的繁文缛节中解放。随着束缚身体的束身衣等单品逐步退出历史舞台，婀娜的女性曲线不再重要，女性更愿意展现舒适、男孩气的风格。这种由曲到直、由繁至简的廓型变化反映了女性渴望与男性共享平等生活的愿望。与此同时，异域风情的东方文化在西方兴起，尤其是和服和宽松飘逸的家居服式样影响了海滩装、日常装甚至是正式晚装的设计（表 4-1）。

表 4-1　1920 年代典型女装廓型

自由解放运动	异域东方文化

男孩气息 I 减少塑身内衣结构 I 宽松 I 低腰	家居服 I 和服 I 宽松

（二）1930 年代典型女装廓型与成因

1930 年代的典型女装廓型为长而飘逸的廓型，腰位上移至自然位置，下摆下移。20 年代低腰位、短下摆的靓丽剪裁不复存在。影响这一廓型产生的要素有经济大萧条以及好莱坞黄金年代的到来。1929 年的股市风暴令西方工业世界陷入一片混乱，全社会纷纷抛弃随心所欲的 20 年代，进入一个更保守、成熟的时代。有节制的、摩登优雅的造型催生了新廓型的产生。同时，好莱坞明星迷人的礼服盛装主宰了荧幕，高贵、修长的礼服造型影响了社会大众的审美趣味（表 4-2）。

表 4-2 1930 年代典型女装廓型

经济大萧条与衰退美学	好莱坞时代

节制 | 优雅 | 摩登 | 长款	高贵礼服 | 连衣裙 | 贴身 | 长款

（三）第二次世界大战后典型女装廓型与成因

1940 年代前期正值第二次世界大战结束，这一时期的典型女装廓型为 H 型和 Y 型廓型，多为带垫肩的简洁套装裙、长裤和连身装。影响这一廓型产生的要素有第二次世界大战、资源紧缺、女性务工。战争时期，男人打仗去了，女人则加入了劳动大军，直身的工作服以及带有典型军装风格的产品是时代的主流。战后物资的紧缺催生了合理利用和开发资源的风潮，由于面料定量供应的关系，女装的下摆线提高到膝盖部位，女性身穿简单的连衣裙或男装裁剪定制风格的产品（表 4-3）。

表 4-3 第二次世界大战后典型女装廓型

女性务工	世界大战与物资紧缺

正装装束 | 工装 | 职业感与中性化	干净剪裁 | 简单线条 | 及膝长度

（四）1950 年代典型女装廓型与成因

1940 年代末产生了革命性的廓型，并深深影响了整个 50 年代的女装样式，这一廓型就是被称为新风貌的沙漏廓型。这一廓型由 Christian Dior 创造，重新演绎了 1840 年代与 1850 年代的纤腰、臀部衬垫与褶皱宽松裙。影响这一廓型产生的要素有和平时代的到来、经济复苏、优雅女性风潮。二战后，欧洲百废待兴，在庆祝和平、找回欢乐、期待复兴、建立新时代的大气氛下，女装产业迎来了繁荣期，女士们在经过多年被剥夺穿漂亮华丽服装后，重新燃起渴望华服的愿望。同时，战后的经济繁荣将一部分女性重新推到家庭主妇的岗位上，这一系列因素使得极具女性化特征的优雅廓型一经推出就得到大众的青睐（表 4-4）。

表 4-4　1950 年代典型女装廓型

优雅女性风潮

圆肩丨纤腰丨大裙摆丨柔美丨优雅

（五）1960 年代典型女装廓型与成因

1960 年代典型的女装廓型为短款、直身与 A 型廓型。60 年代影响这一廓型的因素非常多，但最主要还是由青年次文化这一大背景决定的。青年次文化带来了摩登风貌、宇航风貌、迷你风貌等一系列运动和风潮，摩登青年以现代、年轻、嬉皮、流线型与乐观的精神定义了整个 1960 年代。生于战后的年轻一代成为引领流行的中心，他们反对由上至下的流行传播秩序，敢于对传统服饰挑战，轻便、年轻、自由的服装一下成为社会的主流（表 4-5）。

表 4-5　1960 年代典型女装廓型

摩登青年	宇航风貌	迷你风貌

年轻丨乐观丨流线丨纤细丨几何	太空纪元丨直筒丨箱形丨几何丨镶边	热裤丨迷你短裙

（六）1980 年代典型女装廓型与成因

1980 年代典型的女装廓型为 T 型廓型。80 年代影响这一廓型的因素主要为女权运动。女权运动使女性逐步跨越不平等障碍，有能力的女性们希望在生活的各个领域都获得成功。80 年代，职业装的理念得到进一步推进，考究的权利着装大行其道。在 40 年代风格的基础上，80 年代的女士西装廓型受男装的影响很大，这一时期女装采用更加夸张的尺寸，彰显职业女性的强势特质和独立态度（表 4-6）。

表 4-6　1980 年代典型女装廓型

女权运动与强力时尚		

宽肩丨夸张的轮廓丨权利套装丨收腰		

三、影响女装廓型设计的重要部位

（一）肩部造型对女装廓型设计的影响

肩是外形变化中较受限制的部位，肩部的变化幅度远不如腰和摆自如，无论是垫肩、溜肩、露肩、平肩等等，只能依附肩部形态略作变化。20 世纪 80 年代意大利设计师乔治·阿玛尼的宽肩设计是对肩部造型新的突破，其夸张奔放的外形，既增添女装秀丽风貌又使女装增添了几分男子气概。

（二）腰部造型对女装廓型设计的影响

腰部是款式变化中举足轻重的部位，它的变化最为丰富，通过改变腰节线的高度和腰的围度，使腰部呈现不同形态与风格，创造出新鲜感与造型感。朝鲜族的民族服装是高腰，拿破仑帝政时期的女装也是高腰，而一战前的欧洲女装是腰节线降至胯部的样式。迪奥设计的腰部宽松的“H 型线”就是从他的束腰的“新造型”和“郁金香形”中脱胎出来的。高腰线颀长俊俏，中腰线端庄自然，低腰线随意休闲，X 型轻柔纤美，H 型简洁轻松，稍加运用和变化，都会演绎出不同韵味的外形。

（三）臀部造型对女装廓型设计的影响

臀围线的变化对于服装外形影响很大，在服装发展演变的历史阶段中，臀部的围度经历着自然、扩张、夸张、收缩等不同时期。不同形式的变化，为了改变围度造型，西方人曾用裙箍、裙撑（鲸骨、钢丝、竹编等）来夸张这一部位，又用紧身裤来收缩围度，从而促使这一部位的外形线形成“突出”变化。

(四) 底边造型对女装廓型设计的影响

底边是服装长度变化的关键参数,也是服装外形变化最敏感的部位,在上衣和裙装中通常叫下摆,在裤装中通常叫脚口。它直接展现了服装设计的比例关系、设计的趣味和时代精神。我们回顾一下服装流行史就不难看出服装底边形态的长、短、曲、直变化;开衩、打褶的位置与高度形状等,总是成为人们的瞩目所在,给当时的服装界带来颇大的影响。

第三节　女装廓型设计方法

一、女装廓型设计基本原则

(一) 以人体为依据进行空间立体的塑造

从设计学的角度分析,造型是设计之初最基本的形象元素。服装设计的本质是人形体的再造,必定以人为基本型,还要考虑到人本身对形态的物质需求和审美要求。因此廓型的设计或创新都需要以人体为依据进行塑造。

(二) 注意面料的特性对廓型塑造的影响

服装的廓型除了通过造型设计手段进行表现外,其特征还受到面料质地的影响。不同的面料具有不同的表面质地和视觉效果:如肌理感、光泽度、图形感等。这种特定的视觉表面特征以及面料质地赋予服装廓型特定的状态。硬挺的面料线条感干脆、利落,服装的廓型也会呈现出利落、硬挺的感觉。而飘逸、柔软的面料表现的服装廓型则会让人感觉线条柔软、飘逸,具有女性感。

二、女装廓型设计基本方法

(一) 原型位移法

原型位移法是指确定原型服装或标准人体的关键部位,然后按照设计意图进行部分或全部空间位移的方法。这种变化方式就是要抓住人体的一些关键部位进行上下、左右、前后的移动,移动后的轨迹就是所要设计的服装的廓型。比如调节外套、上衣的长短比例,加大裙子下摆的围度,变化其线条的曲、直及衣身的紧松。

原型服装是指根据标准人体而得到的最一般造型的服装,是原型位移法借以利用的基础,有时我们把某件用作参照的现有服装也称为原型服装,相对而言,该现有服装是被后面的设计所利用的原型。有些服装造型则可以直接借助于人体进行设计,把人体看作设计原型。

人体和服装都是三维一体的空间存在,假定的关键部位也应该是立体的空间的,对这一部位进行移动,并记录下移动轨迹及其变化。所谓服装或人体的关键部位,是指反映服装造型特征之处,以人体而言,主要是指颈点、肩点、胸高点、腰点、臀点、腹点、膝点、腕点、肘点、踝点等。服装上的关键部位则在人体关键部位的相应之处,如服装上的领圈点、肩缝点、袖口点、侧缝点、衣摆点等。当然在具体设计时。这些关键部位可以自行确定,根据实际情况适当增加或删减(图4-10)。

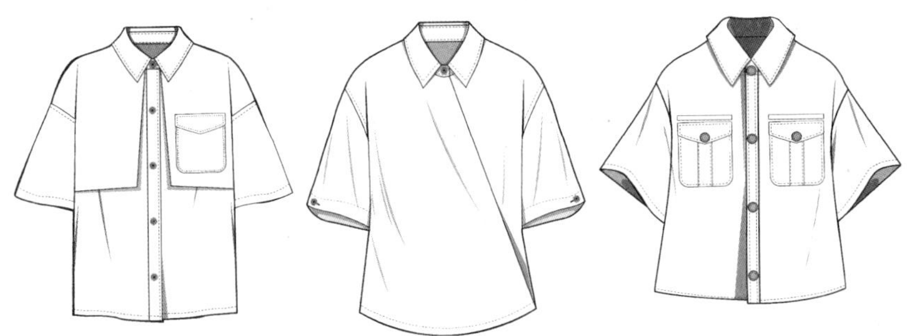

图 4-10　以落肩 H 型廓型的罩衫为原型进行位移设计，在保持肩宽、领围、腰围等基本不变的基础上，可通过拉伸罩衫的衣长，加大袖肥、改变门襟样式等方式进行延展设计

原型位移法的长处是可以简便而任意地对某个原型的几个关键部位进行空间移动。其原理与原型裁剪法有相似之处，但是它更灵活多变，在位移的过程中，往往会有意想不到的廓型出现，设计者可以自由调整或选择。另外，创意构思时，不能完全脱离人体的根本特征和裁剪缝制的可行性以及服装材料的轻重、厚薄、伸缩、悬垂等特性。然而，有时又要打破传统条框，大胆设计出新颖的廓型，反过来促进裁剪和工艺手法的革新，如此，才能使服装在不断地推陈出新中更显新、奇、美的艺术魅力。

（二）立体造型法

以人体模特或真实的人体为基础，借助于立体裁剪的方法，用面料在人台上进行包裹或缠绕，逐渐完善停留在纸面上的构思效果。在立体造型的表现上，应注意以下几个方面：便于穿脱，方便行动，结构合理（图 4-11）。

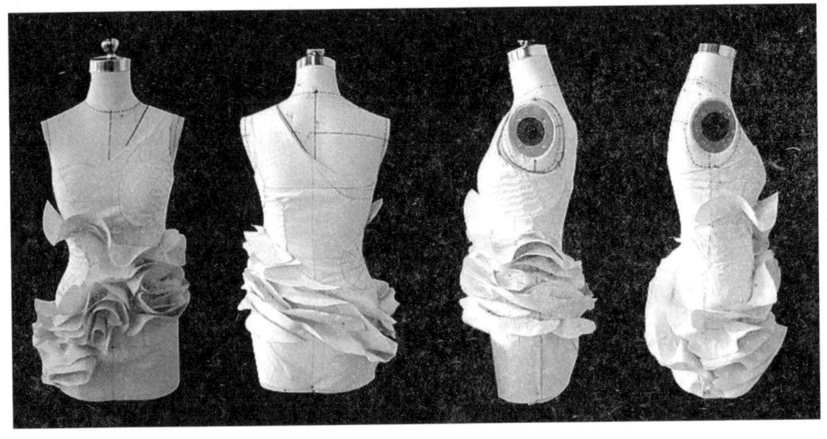

图 4-11　立体造型法

（三）几何造型法

几何造型法是指利用简单的几何模块进行组合变化，从而得到所需要的服装廓型的方法。服装款式是由形态的基本造型要素点、线、面、体组合成的和谐整体，而廓型则是根据各种面的形态变化而产生的组合。一般情况下，服装廓型可以分解为数个几何型体，尤其是服装的正面剪影效果最为明显，即使变化再大，也是几何型体的组合。几何模块可以是平面的，也可以是立

体的，设计时将简单的几何型如圆形、椭圆形、正方形、长方形、三角形、梯形等形在草图上结合人体勾画组合出各种造型，构思过程中注意比例、节奏、平衡等形式美法则。经过反复构思，直到出现自己满意或基本满意的造型为止，此时这个造型的外层边缘就是服装的外轮廓造型。几何造型的综合设计方法有以下几种：

1. 统一组合

统一组合有其自身的形式美感，在服装设计中统一组合的方法是常用的表现形式。例如：以圆形为元素的造型，强调整体的圆裙造型与小圆装饰花的统一组合，达到形态上的和谐美，上衣、裙和袖口均是圆形，采用大小圆形重复对比，达到节奏变化的效果；以方形与三角形组合成的款式，刻意强调统一性的美感，在服装的大部分都呈现直角或尖角的形态，以此表现整体服装款式的刚硬的力度。

2. 对立组合

对立组合是两种以上不同性质型的组合，形态上的方与圆、曲与直都属于对立组合。在服装设计中对立组合的形式被广泛运用，例如：整体造型以圆形为主，上衣和短裙均是圆形，腰部用方形，产生形态对立组合的设计美感；上身是倒梯形，臀部用圆形，下摆采用方形，强调款式结构大形体的简洁效果，突出了形与形之间的对比的设计美感（图 4-12）。

图 4-12 服装零部件采用多种不同的方角或尖锐造型，组合出的整体轮廓却有着 O 型或 I 型的圆润与流畅感，突出了整体与局部的对比

3. 重复组合

重复组合能产生一种运动、节奏、连续的美感，重复可以采用相同元素形态或不同形态组合，同时也可以运用形态大小不同的重叠，在统一之中取灵活的变化，在平淡重叠的形态上映衬出一种自然的美感。例如：重复大小不同的椭圆形，在重复之中产生节奏变化的效果（图 4-13）。

图 4-13　采用不同大小的规则几何形进行规律拼接，形成的廓型富有节奏感和立体感

4. 拆解组合

选择同一形态元素，进行拆解打破原有的形态，使其更抽象化，然后在设计上重新组合，采用此方法应该注意其原有形态的真实性，在此基础上反复出现原有形态的特征，这样能构成丰富多变的形态效果。如椭圆形的大衣造型，采用曲线的饰边作为大形之中的分割，产生圆形之中的变异，同时又在造型中达到平衡对称的作用（图 4-14）。

图 4-14　图中将常规袖子的形态进行夸张，并打破原有缝合的方式，令整体廓型产生新的束缚美感

5. 整体与局部大小不同的组合

在一种整体的大形态中组合相同小的形态，产生整体协调的美感，处理整体与局部的设计是服装设计中不可忽视的部分。整体的大形是主题，而局部的小形是辅助整体设计的因素，起到相辅相成的作用。在构思过程中，可以准备一些不同大小、形状各异的几何模块，根据几何模块随机组合，模块的数量和种类越多，得到的造型就越丰富细致。

用几何模块拼出大形之后，还要做适当的修改，使之成为具有服装特色的造型。几何造型法的优点就是设计时可以不以某个造型为原型，设计的自由度非常大，经过一番随心所欲地排列组合，经常会得到意想不到的廓型来。

本章小结

本章分别从四个方面出发对女装廓型设计的相关内容进行介绍：女装廓型的常用分类，20世纪各年代女装典型廓型，影响女装廓型设计的重要元素，女装廓型设计的原则与方法。典型的廓型品类目前已发展比较完善，更多的女装产品延展需要在基本廓型上进行各种组合和解构。

思考与练习

1. 服装廓型与人体的主要切合点有哪些？对服装廓型有何影响？
2. 不同分类的服装廓型之间有无相关因素？请举例说明。
3. 设计女装系列（不得少于五款），综合运用女装廓型，注意廓型组合搭配。
4. 运用女装廓型线的原理设计一款服装，练习分三步进行，第一步测量关键部位尺寸，第二步在设计中体现女装廓型线相关原理，第三步选用合适的面料进一步完善设计。

第五章 女装色彩设计

色彩是服装构成的基本要素,理解有关色彩的认知,了解色彩与服装的关系,是从事女装设计的重要环节。作为女装设计师必须了解女装色彩的分类、色彩的性能特质、色彩组合感度,女装设计中的色彩组合及运用,以及针对不同消费者如何进行针对性的色彩设计等知识。

第一节　服装色彩概述

一、色彩的基本知识

(一) 色彩的产生及相关概念阐释

色彩是一种物理现象。客观存在的色彩是光作用于不同物体后,进入人眼并引起的一种视觉特性①。由此看来,色彩的形成至少需要两个基本因素:首先是光的存在,这是生成色彩的必备条件。其次是视觉器官,这是感受色彩的基本要素。这一概念着重于色彩的生成条件和其客观存在性,认为色彩首先是由物体的化学结构所决定的一种光学特性。

与色彩一词相关联的是色觉。色觉的概念更强调人的感受,是光经过反射或透射传递到人眼后,引起视网膜的兴奋并传送到大脑中枢而产生的一种感觉。对于服装色彩的研究来说,色觉的概念由于更强调个人的感受差异以及色彩与周围环境、心理情绪等因素的关系,而更能够说明服装色彩的选择、流行同文化等之间的关系。

(二) 色彩的基本属性

色彩包括有三个基本属性:色相、明度和纯度。任何色彩的说明都需要综合以上三个属性进行。

色相(Hue,缩写为H)即色彩的相貌,是可见光谱中不同波长的辐射在视觉上表现出来的感觉。它是将一种色彩同另一种色彩区别开来的首要特征,同时也用来代表该色彩的名称。光线中的色彩,其色相是与色彩的波长相呼应的。颜色中的色彩根据不同的色彩系统有不同的色相分类,常见的色相包括有:红色、黄色、蓝色、绿色、紫色(表5-1)。

表5-1　光线中不同波长区域对应的不同色相②

光	波长(nm)	主波长(nm)
红	780～630	700
橙	630～600	620
黄	600～570	580
绿	570～500	550
青	500～470	500
蓝	470～420	470
紫	420～380	420

明度(Value,缩写为V)又称亮度(Brightness或Lightness),指的是色彩的明亮程度,它与光波振幅的宽窄以及物体表面色光的反射率密切相关。明度的差异不仅存在于同一色相的色彩中,也同样适用于不同色相的色彩。色彩在越接近白色时,其明度越高;越接近黑色时,其明度越低。

饱和度(Saturation,缩写为S)又称纯度或彩度,是包含色彩多少的程度,也是用来表示色彩

---

① 赵奉堂.色彩构成技法[M].天津:天津人民美术出版社,2002.

② 色彩学编写组.色彩学[M].上海:科学出版社,2003.

鲜艳程度的标尺。一种色彩中加入其他色彩的多少决定了该色彩的纯度,色彩的饱和度高,含有的其他色彩量就少,同时色相表现明显;色彩的饱和度低,含有的其他色彩量就多,同时色相表现不明显(图5-1)。

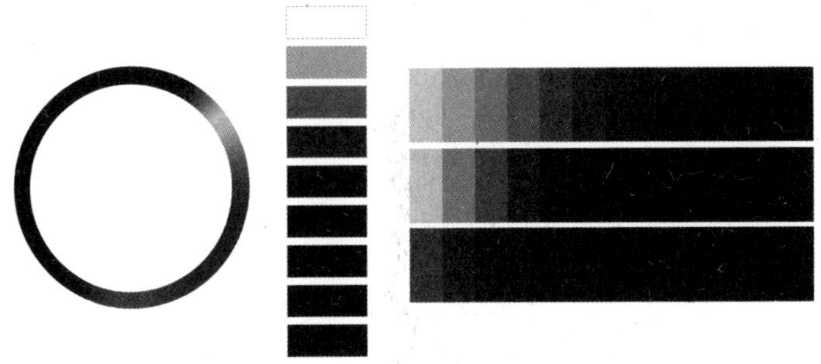

图5-1 色彩的三个基本属性:色相、明度、饱和度

(三) 色彩的混合

色彩的混合指的是将两种或多种色彩进行混合,并得到与原有色彩不同的新色彩的现象。在色彩混合中有三个概念:原色、间色与复色。原色是最基本的色彩,通过原色的相互混合可以得到一切色彩,同时,原色不能通过其他色彩的混合获得。无论是色光还是色料中都存在有三个原色。三原色两两混合后产生的色彩叫做间色。原色与间色相互叠加,或三种以上的颜色相互混合所得到的色彩叫做复色。

根据混合方式和来源的不同,色彩混合可以分为加色混合、减色混合和空间混合三个基本类型。

加色混合也称色光混合,是一种以光线为依据的混合方式。加色混合中,混合的色光数量越多,明度越高,最终形成白光。色光中的三原色为红色、绿色、蓝色。三间色为黄色、青色、品红色。

减色混合也称色料混合,是一种以颜料为依据的混合方式。减色混合中,混合的色料数量越多,明度越低,最终形成黑色。色料中的三原色为红色、黄色、蓝色,三间色为橙色、绿色、紫色。

空间混合也称中性混合,这是一种将不同色彩以点、线或小块的形式并置、穿插在一起后,通过人眼产生新的色彩感觉的混合方式。空间混合并非色光或色料的真正混合。

(四) 色彩的描述方式

表色也就是采用某种特定的符号来描述某一具体的色彩,并将其与其他色彩区分开来。描述色彩的方法可以分为两种基本形式:定性描述和定量描述。

定性描述色彩的方法主要是通过色彩命名的途径。色彩命名有系统命名和习惯命名两种形式。色彩的习惯命名法通常借用植物、花卉、矿石的色彩,动物的特色或者染料的颜色等对色彩进行描述。而系统命名法可以进一步细分为消色类的系统命名和彩色类的系统命名。消色由白、灰、黑等一系列中性色彩构成,其命名规则为:色名 = 色调修饰语 + 消色基本色名。彩色类命名规则为:色名 = 色调修饰语 + 明度及饱和度修饰语 + 彩色基本色名。

定量描述色彩是一种通过符号和数值精确记录每一色彩的方法。通常情况下所说的表色系统指的是在定量描述色彩的基础上构建的系统,色彩的测量、传递、比较、分析和图像色彩的再现都离不开定性的表色。最常用的表色系统包括色立体表色系统、数字色彩表色系统和色谱表色系统(图5-2)。

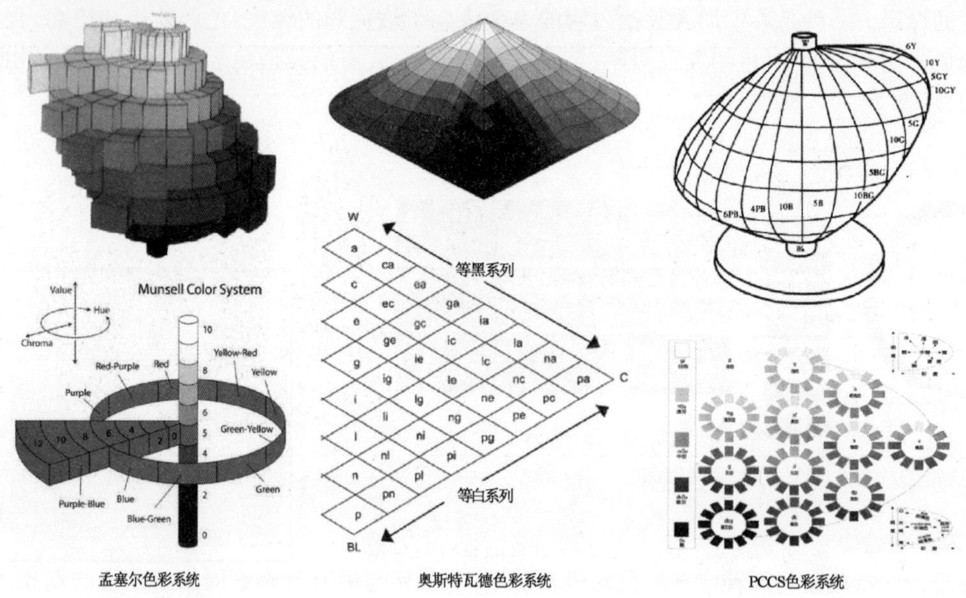

图5-2　主要的色立体表色系统

二、服装色彩的重要性

（一）服装色彩是表达服装印象的最直接要素

最基本的服装构成包括色彩、面料和款式三个要素，这三个元素缺一不可，有着各自独特的表现力。尽管服装风格、面料、廓型和细节也是展现服装特征和时尚变化的主要因素，但实践证明这些元素中最先进入观者眼帘的往往是服装色彩，消费者对服装产品最直观的印象首先也是来自对色彩的感知与认同，因此服装色彩是表达服装印象的最直接要素。

（二）服装色彩是展现着装者身份的重要方式

服装色彩长期以来被用来作为着装者身份的象征。早在远古的传说中，就有天皇氏尚青、地皇氏尚赤、黄帝尚黄、金天氏尚白、高阳氏尚黑的说法。封建社会，不同官职、不同阶层的人们在服装色彩上有着严格的区分，是身份的象征。现代社会，以色彩来区分等级的作用以逐渐退出历史舞台，但在其他领域仍然存在。比如各国军人、邮政、海关、税务部门采用的服装色彩，既是职业标志又是他们身份的象征。

第二节　女装色彩设计概述

一、女装色彩的常用分类与特征

（一）按色相进行分类

女装色彩按照色相进行分类可大致分为红色、黄色、橙色、绿色、蓝色、紫色、白色、灰色、黑色几大类，下表是这几大类色彩的不同特征与表现（表5-2～表5-10）：

表 5-2 红色女装的特性与表现

类别	说　　明	红色女装图例
物理特征	• 波长最长 • 视觉冲击力强、醒目	
特征与联想	• 生命、活力、力量、积极、外向 • 热烈、喜庆、吉祥、甜蜜、温馨、温暖 • 危险、警示、血腥、炎热、冲动、挑衅	
常用于	• 婚庆女装、礼服 • 运动女装 • 其他各类女装	

表 5-3 黄色女装的特性与表现

类别	说　　明	黄色女装图例
物理特征	• 亮度最高 • 视觉冲击力强、醒目	
特征与联想	• 财富、权利、威望、贵气、辉煌 • 光辉、希望、明快、活力、童真、幽默、智慧 • 危险、警示、血腥、轻率、任性、嫉妒、胆怯、虚伪、尖酸刻薄	
常用于	• 皇家专用色、佛家袍服 • 运动女装、休闲女装	

表 5-4 橙色女装的特性与表现

类别	说　　明	橙色女装图例
物理特征	• 波长仅次于红色 • 视觉冲击力强、醒目	
特征与联想	• 高贵、崇高、富足、丰硕、力量、幸福 • 快乐、温暖、能量、甜蜜、耀眼、活力 • 乏味、执拗、花里胡哨、傲慢、歇斯底里、刺眼	
常用于	• 礼服 • 户外与运动女装 • 其他各类女装	

表 5-5 绿色女装的特性与表现

类别	说　明	绿色女装图例
物理特征	• 可视光中的中波长	 Louis Vuitton, Antonio Berardi, Emilia Wickstead, Balmain, Chadwick Bell
特征与联想	• 生命、自然、平衡、协调、希望、包容 • 清新、健康、朝气、青春、宁静、舒适 • 模糊、冷峻、沧桑	
常用于	• 礼服、演艺服 • 其它休闲装	

表 5-6 蓝色女装的特性与表现

类别	说　明	蓝色女装图例
物理特征	• 最冷的色	
特征与联想	• 沟通、博爱、开放、尊贵、谦逊、朴实 • 理智、知性、冷静、坚实、认真、沉着、精密 • 寂寞、冷清、阴郁、严格、无趣、悲伤、孤独	
常用于	• 职业女装 • 礼服与各类休闲女装	

表 5-7 紫色女装的特性与表现

类别	说　明	紫色女装图例
物理特征	• 波长最短 • 无知觉的色，很难确定标准紫色	 Fendi, Guy Laroche, Louis Vuitton, Stella McCartney, Moschino Cheap & Chic
特征与联想	• 高贵、神圣、权利、华丽、尊严、优雅 • 浪漫、神秘、梦幻 • 极端、挑剔、古怪、忧郁、无精打采	
常用于	• 礼服 • 因肤色原因，亚洲人较少采用	

表 5-8 白色女装的特性与表现

类别	说明	白色女装图例
物理特征	• 包含了光谱中所有的色光 • 明度最高，色相为零	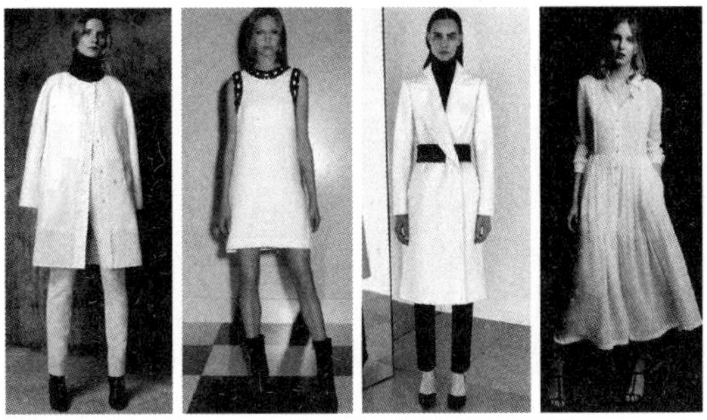
特征与联想	• 纯洁、神圣、天真、坦率、高雅、正义 • 清凉、洁净、膨胀 • 悲伤、孤独、柔弱	
常用于	• 婚纱、礼服 • 羽绒服、运动女装 • 春夏女装	

表 5-9 灰色女装的特性与表现

类别	说明	灰色女装图例
物理特征	• 无彩色，没有色相和纯度 • 只有明度变化	
特征与联想	• 理性、自制、平衡、认真、谦虚、品质 • 低调、沉稳、温和、平衡、宁静 • 中庸、乏味、无个性、忧郁、不安、恐惧、寂寞、消极	
常用于	• 礼服 • 商务女装、都市女装 • 休闲女装、运动装等	

表 5-10 黑色女装的特性与表现

类别	说明	黑色女装图例
物理特征	• 无任何可见光进入视觉范围	
特征与联想	• 神秘、强大、深沉、内敛、稳重 • 成熟、尊贵、经典、性感、时尚 • 黑暗、恐惧、死亡、危险、肮脏、冷酷	
常用于	• 礼服 • 秋冬女外套 • 商务女装	

(二) 按风格进行分类

按风格进行分类的女装色彩强调女装的整体效果及其显示出来的某种气质与情调,它是由款式造型、色彩、面料、图案、配饰等综合因素构成的。风格化的女装色彩需要从色彩的组合入手,做到"以色传神,以色抒情,以色写意",通过不同色调的表现,传达出特定的色彩风格与情怀。

服装色彩按照风格分类可大致分为古典风格、前卫风格、民族风格、东方风格、自然风格、都市风格、运动风格。

1. 古典风格

古典风格的女装配色,追求庄重、深沉、典雅的意向,多用于表现有阅历、高品位、成熟的女性装扮。颜色以中明度或偏低明度的颜色为主色调,如宝石蓝色、酒红色、灰色、黑色、墨绿等,配以不同明度、纯度的点缀色,常以小面积的形式来做点缀,以丰富服装的色彩,打破色彩的严肃、沉闷感,使之看起来更清爽、更精神。点缀色大多也以含灰色为主,鲜艳的颜色与经典风格差异太大,易造成不和谐感,所以较少用。

经典风格的色彩常用于女套装、职业装等正装或礼服中,款式风格要简洁、大方,不追求花哨的装饰、变化,而是追求高品质、高品位。古典风格的色彩意向对服饰材质要求极高,必须采用高品质的面料,如精纺毛呢类、真丝类、缎类等,品质优良、质地细腻或有柔和光泽的天然纤维面料。配以简洁的款式和精致的配饰,共同表现出高贵、成熟、高雅、高品位的女性形象。

另外,黑与白搭配也是永恒而经典的,在任何时代,都是不会出错的搭配。黑白配,对比强烈,干脆、清爽。白色纯洁、亮丽,黑色神秘、稳重,两者搭配可以互相衬托。大面积的白配少量的黑色,活泼中不失稳重;大面积的黑色配少量的白色,经典的黑白条格、经典的黑底白点或白底黑点,都是常用的女装纹样(图5-3)。

图5-3　沉稳的栗色与古典的海军蓝是古典风格经典产品会采用的搭配,色彩充满了传统韵味

2. 前卫风格

前卫风格女装总是处于流行趋势的前列，穿此服装的人有被看作另类的感觉。它是服装流行的晴雨表。当一种流行形成了风潮时即放弃它们而另择新的表现方法，所以此风格没有固定的形式。前卫风格的用色大胆，对比强烈，不拘一格，敢于破除传统，给人的感觉是新奇、时髦、怪异（图5-4）。

图5-4 未来与太空是前卫风格经常会出现的设计主题。强烈的金属光泽色彩，纯粹的黑白以及亮丽的橙色营造了专属20世纪60年代黑白电影中的太空风格

3. 民族风格

民族民间色彩风格，常常是以强烈的色彩对比，配合大量的手工刺绣图案，体现色彩斑斓的民族服装风格（图5-5）。

图5-5 这一系列俄罗斯民族风女装从传统的俄罗斯织锦和民俗风面料中汲取灵感，乌黑色基底上布满了饱和多色的刺绣花卉，丰富的色彩组合增添了俄罗斯风格的华贵感

世界上的各民族，由于地理环境、民族习尚、宗教信仰和审美观点等条件的差异，对色彩的选择有着自己喜爱和忌讳的颜色。比如在非洲，黑与红是不吉祥的颜色；白、粉红和黄色是吉祥的。而摩洛哥却认为白色是反面的颜色，而鲜艳的颜色以及绿、红和黑色是正面的。在亚洲，阿富汗喜欢红色和绿色。印度认为黑色、白色及浅淡的颜色是消极的，绿、黄、红、橙色和鲜艳的颜色才是积极的。日本则对柔和的色调比较欢迎。

我国各民族服饰色彩体现出不同的风格特点，给人以不同的审美感受。独龙族的服装给人以简朴粗犷的印象；苗、瑶、布依等民族服饰，做工精细，色彩艳丽，极富装饰意味，多以黄、红、蓝、绿、白等对比强烈的色彩，运用织、绣、挑、染等工艺，色彩艳丽而协调，图纹繁多又不显紊乱。

丰富的色彩搭配与运用显示出各民族特有的艺术才华及其审美心理，成为各民族表达审美情感和审美理想的有力工具。

4. 东方风格

东方国家的服饰文化极富特色，中国的旗袍、盘扣、龙纹图案，印度的纱丽，以及东南亚风格的印花图案、自然花纹、克里姆特式的神秘的东方纹样等，都很受今天东西方设计师的青睐。以浓艳而厚重的东方色彩，如砖红、大红、橘红、金黄、中黄、草绿、群青、靛蓝色、青莲、金银等，赋予这些纹样与服饰浓郁的东方风格特色（图 5-6）。

图5-6　以中国传统华服为设计灵感的 NE TIGER 女装提倡 5 种国色并将其贯穿在所有的产品系列中：黑色、红色、蓝色、绿色、黄色

5. 自然风格

风格朴素，气质洒脱，有无拘无束之感。其造型粗犷，穿着舒适。那些层次感强的款式，花边装饰，小花图案，自然的色调（米色、淡褐色、土棕色、驼色、原野绿等）加上艳丽的花草，构成了一幅浪漫、田园诗般的画面。

自然风格的色彩灵感来自于大自然的花草树木、泥土沙石、贝壳鱼虫等等素材。配合宽松、随意的款式造型，营造出温馨、舒适、自由、富有人情味的气氛。

自然风格多采用如泥土、树叶、草木的土黄色、沙色、赭石色、茶色、淡黄色、黄绿色等，在设计中尽量少用强烈的明度对比，以增加自然朴素、不矫饰的亲切感。面料也多采用天然纤维织物（图 5-7）。

图 5-7　这一系列以自然界中的狼作为设计元素，大量运用皮草的材质。汇集灰色、卡其绿色和棕色，打造冬季迷彩感

6. 都市风格

一种属于端庄、高雅的都会日常装束，它不同于礼服，但比便装又要严谨。款式以套装、连衣裙为多，面料考究，做工精良，配饰与衣服统一，色彩以各种中性的灰色、低明度的深色、简洁的白色为配色基调，充满了理性与秩序之美；另一种属于城市青年的日常便装，风格自由，款式、面料充满时尚，色泽素雅、灰暗。

7. 运动风格

运动休闲风格色彩，常以热烈的配色风格表现，重点在于激发穿着的兴奋情绪与强烈的情绪感染。色彩大胆组合高纯度的、鲜亮的蓝色、绿色、黄色、红色等，也可以用黑、白、灰等色来突出鲜艳色组，高反差的色相对比和明度对比形成强烈的节奏，产生跳跃的视觉效果。

刺激的高纯度配色，活泼、跳跃、激情，也常用于运动休闲风格的服装。

二、色彩特性与女装色彩设计

（一）色彩的冷暖感

服装色彩还可以按照冷暖的标准分为暖色系、冷色系和中性色系三大类。采用不同的色彩进行服装的设计制作，往往可以带给人们不同的温度感受。在暖色系服装中，如果色彩的饱和度越高，其温暖的特性就越明显；而在冷色系服装中，如果色彩的明度越高，其寒冷的特性也就越明显（图 5-8）。

图 5-8 明度较高的蓝色、绿色,灰色、米色往往组合在一起,配以深沉的海军蓝来表现纯净、寒冷的冰川感

(二) 色彩的轻重感

色彩带来的轻重感大多取决于人们视觉上对服装色彩的印象。从视觉感受出发,不同分量感的产生往往来自于服装色彩的深浅程度。一般来说,深色分量重,具有内聚感;浅色分量轻,具有扩散感。当然,服装的轻重感不会仅仅由色彩决定,往往还与色彩所附着的面料密切相关。

(三) 色彩的膨胀与收缩感

色彩具有膨胀感和收缩感,同样面积大小的黑、白两个色块,人们总会觉得白的要大一些;同样面积大小的红、蓝两个色块,人们总会觉得红的要大一些。这是为什么呢? 因为人的感觉并不总是准确的,有时会有偏差。暖色一般比实际面积看上去要大。一般认为,黄色面积看上去是最大的。黄大于绿、红大于蓝,虽然原来就是同样大小的图形。在某些包装上,黄、橙、红等看上去显得很大的色彩常常被使用。这些视觉上的偏差可以在服装中加以利用,已达到修饰、美观的作用(图 5-9)。

图 5-9 同样大小的红色块和绿色块,视觉上往往感觉红色的面积更大、更靠前

(四) 色彩的强弱感

服饰色彩的强弱感使人们在选择服饰时意识到,色彩的彩度和明度在其中起着相当微妙的作用。一般来讲,彩度越高的越呈现出强烈的感觉,彩度低的则在感觉上较弱。但是同一种颜色,其明度越高越弱,明度越低则给人的感觉越强烈。所以说. 明度低而彩度高的给人以强感;明度高而彩度低的给人以弱感。根据这种感觉,着装者在选择运动衣、游泳衣时和选择睡衣时对色彩的要求当然不能一样(图 5-10)。

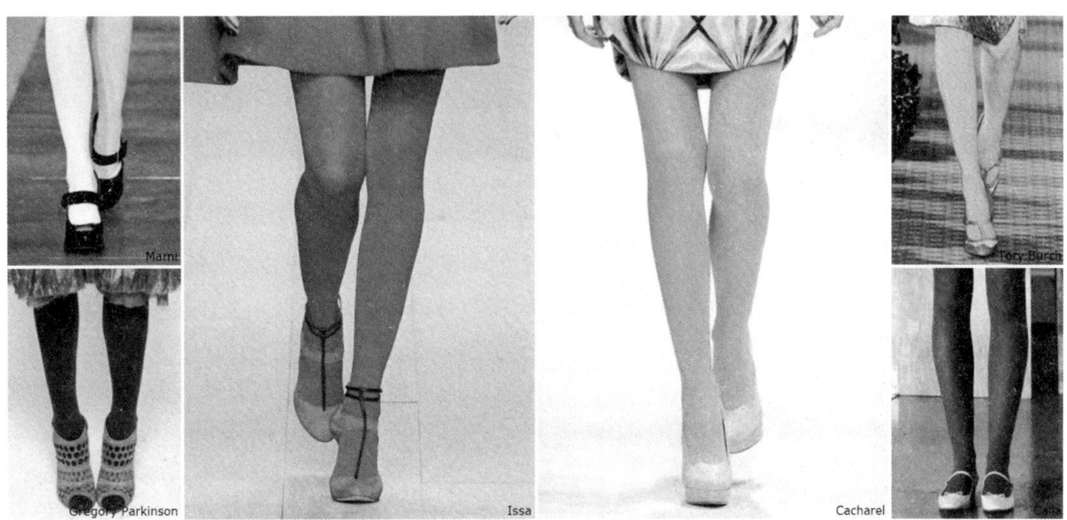

图 5-10　同样是纯色的裤袜设计，明度与纯度越高的产品往往更能引起视觉的吸引力

三、影响女装色彩设计的重要因素

（一）视觉心理对女装色彩设计的影响

服装色彩的视觉心理感受与人们的情绪、意识以及对色彩认识有着紧密关联，不同的色彩给人的主观心理感受也各异。不同的色彩具备各种不同的特性，人受其影响后会产生各自不同的情感反应；观看者由于性别、年龄、文化背景、社会环境的差异，对同种色彩的情感反映也会不尽相同。但是，人们对于色彩的本身的固有情感的体会却是趋同的。在这不同的情感反应中，共性的感觉还是很多。对其共性感觉的研究，有利于对女装色彩的把握。

（二）季节地域对女装色彩设计的影响

人们对服装色彩的要求一般以季节为转移。春天，人们可选用中间色或冷色带格子的面料，使人感觉舒适，常用色是绿、黄、烟灰、象牙白、驼色等。如在嫩绿的季节中，少女们穿茶绿色的服装，会给人以协调的美感。夏天，服装的色彩宜选用沉静、静雅的浅色调，除白色外，浅绿、粉红、银黄、浅黄、浅青莲都可以。

同样，地域对色彩的选择也非常不同，我国幅员辽阔，南北东西对色彩的偏好差异都很大，需要合理的选择合适的色彩。不同的色彩还代表了不同国家、地区、民族人民的喜好，形成了不同民族的色彩象征。中华民族喜红，法国人喜欢红蓝白三色，连国旗也是这三种颜色的结合等。在我国，云南的少数民族将红色视为最美丽的色彩，认为这种火一样的红色能给人们带来温暖和幸福；苗族的色彩粗犷强烈、侗族的色彩文雅矫健、壮族的色彩复杂鲜艳……穿着喜好决定了人们服装色彩的选择。

（三）流行时尚对女装色彩设计的影响

服装的流行离不开服装色彩的流行，同时潮流风向又带领、推动了服装色彩的变迁。每年国际流行色协会、各大时尚预测机构都会发布两季色彩流行趋势，服装品牌往往会根据这些流行信息，结合品牌特定市场和消费群的需求选择新一季度的色彩。

第三节　女装色彩设计方法与步骤

一、女装色彩设计基本原则

女性天生对色彩的敏感度使女装中的色彩搭配设计显得尤为重要。设计师在进行色彩配色时需注意面积、位置、面料的选择等重要因素对配色的影响,并通过色彩的三要素(色相、明度、纯度)进行配色。此外,女性消费群体存在个体差异性,包括年龄、性格、生活方式在内的各种因素不同会使消费者对色彩产生不同的心理感觉,这是设计师在进行女装色彩配色时需关注的重要方面。

(一) 面积因素

配色时面积的大小对最终的色彩效果影响很大。同样的两块颜色并置在一起,1∶1 的面积配比会产生最大的对撞效果。如果想要削弱色彩之间的对比关系,加大其中的一色面积或减小其中的一色面积都能达此目的。如补色对比是色相对比中最强烈的对比关系,在女装设计中,将其中一色的面积减小,用于镶边、衬里、纽扣或图案中的小花,这样就能形成不强烈的补色对比关系。歌德曾对不同颜色的力量对比做过实验,最终得出黄∶橙∶红∶紫∶蓝∶绿的比例约为9∶8∶6∶3∶4∶6。即同等面积的红色和绿色力量相当,三倍面积的紫色与一倍面积的黄色力量相当,设计师可以在设计中作为面积设计的参考。

(二) 位置因素

配色时颜色运用的位置不同会产生不同的效果。运用在中心部位和主要细节部位的颜色产生的视觉感强烈。这些部位包括前胸、领子、门襟、前口袋等。运用在次要部位或非主要细节部位的颜色产生的视觉感较弱。这些部位包括后背、侧片、下摆等。设计师需结合不同的设计需求进行相应的色彩设计。

(三) 面料因素

颜色搭配时需同时考虑不同面料的搭配对色彩产生的影响。有的面料有吸光作用,有的面料有反光作用,有的面料有透色作用,搭配在一起时会产生不同的效果。一色身的搭配,由于面料的丰富性会产生丰富的视觉效果。多种颜色搭配时,更要考虑面料与色彩匹配的合理性和面料本身的搭配性。

二、女装色彩设计基本方法

(一) 以色相为基础的女装配色

首先从色相环上色相之间的差异着手考虑进行的配色,就是以色相为基础的配色,称之为色相角度配色。把色环的各色按一定的方法进行角度划分,以此为基础进行多种不同形式的色相配色。

1. 同种色配色

指色相距离在15°以内的对比。一个颜色的不同明度、纯度的变化,如深蓝与浅蓝,艳红与灰红。色相相同完全没有其他色相的参与,所以是一种融洽、柔和、有高度统一感的配色。当色相相同,明度与纯度也相同时,会形成一种缺少变化要素的柔弱印象,为了创造明快的氛围和追求更完美的配色效果,要适当加大明度差或纯度差(图 5-11)。

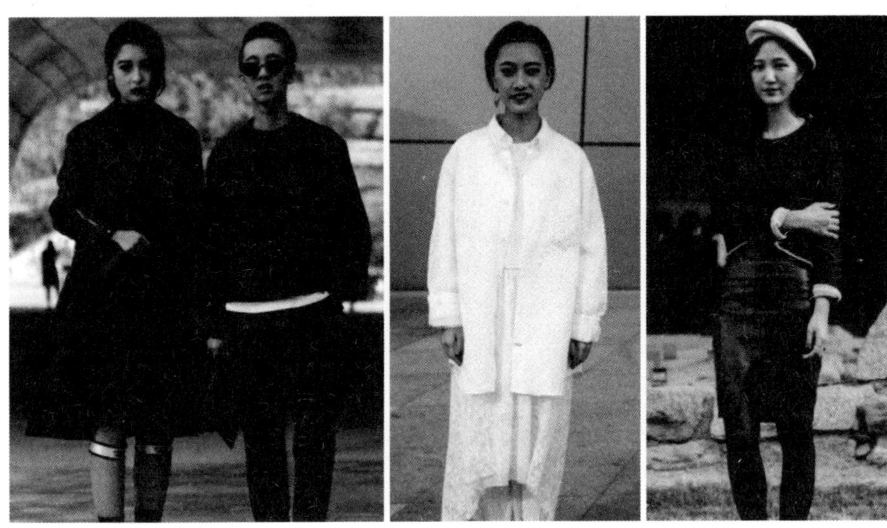

图 5-11 同种色搭配

2. 类似色配色

指色相距离在 30°左右的对比，此种对比关系在整体上显得统一，但又有微小的变化，初学者最易掌握。由于是近似并有相像性格的色相间的组合，所以能够获得自然的调和感和创造出亲密的氛围，是有柔和印象的配色。色相的少量变化，使配色也产生了微弱的运动效果，加强明度与纯度的变化，就会成为明快的配色（图 5-12）。

图 5-12 类似色搭配

3. 邻近色配色

指色相距离在 60°～90°之间的对比，红与黄的组合，蓝与紫的组合，在色相环的间距稍打开的两色配色，它们之间有一种既不完全是类似，也不完全是对比的不完善感，这是因为配色对方都含有了自己所不包含的色素。例如红与黄两个色相，黄色含有红色所不包含的绿色素；蓝色与紫色，紫色中含有蓝色中所不包含的红色素，因此失去了对等的力量，形成不等的效果，色相的完全类似融洽感被增加的对立感所打破。所以使中差色相配色的效果暧昧、模糊不明，是不易调和的配色，但它也为许多设计师所推崇。

4. 对比色配色

如红与蓝的组合、黄与蓝的组合等，指在色相环中距离在120°之间的对比。因为是对比色，所以成为非常缺少调和感的配色，并且当取高纯度色时，醒目感增强，华丽感形成，若处理不当则会俗不可耐。但是，由于这类配色易造成醒目的效果和华丽大胆的印象，所以，近期以来它成为展示富有青春活力和力量效果的配色。当采用低纯度或高明度等时，适当再给予一定的明度差、纯度差，也可以创造出柔和的配色印象（图5-13）。

图5-13 对比色搭配

5. 互补色配色

红与绿的组合、橙与蓝的组合、黄与紫的组合，接近于补色关系的对称色配色。对立色相的配色接近于补色效果，具备了不调和的要素，但经过适当调整明度差、纯度差、色的分量比等，就会成为一种新的充满青春活力气息的配色（图5-14）。

图5-14 不同类型补色在加入多种补色或中性色时的表现

配色方法有以下四种，选用补色中三对极端色（红与绿、黄与紫、橙与蓝）。

（1）选一对补色，用黑白并置其中，形成单纯而鲜明的色彩效果；

（2）两对或三对补色同时运用，注意面积比例，突出一对对比关系，使之产生带有跃动感的节奏；

（3）任选一对补色，通过互相混合以及分别与黑白灰进行调配，使原本鲜艳、生硬的色彩一点点调和起来。此练习最好用三四套服装分别进行表现；

（4）选一对补色，通过形状的集中与分散来减缓对比的强度。

6. 分歧补色的三色配色

红与它的补色（蓝绿）相接近的蓝绿组成三色相组合等，这类配色是有着某种分歧感的补色关系之间的配色。这是创造鲜明、富有朝气、热力四射，并能给人以震撼运动效果的配色形式。

7. 三等分色相的三色配色

与三原色红、黄、蓝的三色关系一样，其间有近似于120°间隔的色相配色。

它创造出果断明快的调和关系，从运动感中的奔放与爽朗到古典的优雅等，可以展示出极其丰富多彩的风格形象。

8. 四等分色相的四色配色

与红、黄、蓝绿、蓝紫四色一样，由两组补色构成的配色。

因为涉及到了多个色相，所以是比较华丽的配色，热烈而充满青春活力，是富有新意的配色，但色彩的选择或对明度、强度处理不当，则会产生幼稚的感觉。这类配色常用于展示浪漫可爱的氛围。

（二）以明度为基础的女装配色

1. 高短调

以明亮的色彩为主，采用与之稍有变化的色进行对比，形成高调的弱对比效果。它轻柔、雅致，常被认为是富有女性感的色调，如浅淡的粉红色，明亮的灰色与乳白色，米色与浅驼色，白色与淡黄色等。适合于轻盈的女装及女夏装（图5-15）。

图5-15 高短调女装更容易展现轻盈、纯净、浪漫等风格

2. 高长调

以高明度为主，配以明暗反差大的低调色，形成高调的强对比效果。它清晰、明快、活泼、积极，富有一定的刺激性，如白色与黑色，月白色与深蓝色，浅米色与深棕色，粉橙色与深灰色。练习中尽量取同一色相或类似色相的不同明度色进行，以突出明度的变化。此调比较适宜于职业装与正装（图 5-16）。

图 5-16 高长调女装搭配

3. 高中调

以高明度色为主，配上不强也不弱的中明度色彩，形成高调的中对比效果。其自然、明确的色彩关系多用于日常装中，如浅米色与中驼色，白色与大红色，浅紫色与中灰紫（图 5-17）。

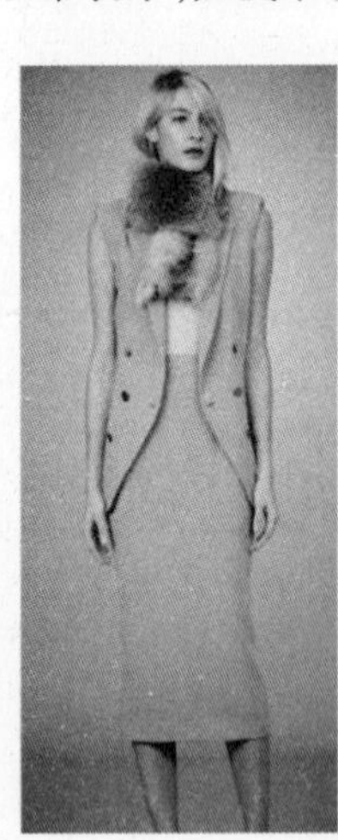

图 5-17 高中调女装搭配

4. 中长调

以中明度色为主，采用高调色与低调色与之对比，形成中调的强对比效果。它丰富、充实、强壮而有力,常被用在女休闲装的配色中,如大面积中灰色与小面积的白、黑,金褐色与深褐色,牛仔蓝与白色(图 5-18)。

图 5-18 中长调女装搭配

5. 低短调

以低调色为主,采用与之接近的色对比,形成低调的弱对比效果。它沉着、朴素,并带有几分忧郁,如深灰色与枣色,橄榄绿与暗褐色。中老年的女性的正装多采用这种调子,显得稳重、大方(图 5-19)。

图 5-19 低短调女装搭配

6. 低中调

以低调色为主,配上不强也不弱的中明度色彩,形成低调的中对比效果。它庄重、强劲。多适合女秋冬装的配色,如深灰色与大红色,深紫色与钴蓝色,橄榄绿与金褐色(图 5-20)。

图 5-20 低中调女装搭配

7. 低长调

以低调色为主，采用反差大的高调色与之对比，形成低调的强对比效果。此调显得压抑、深沉、刺激性强，有种爆发性的感动力，如深灰色与淡黄色。多用于礼服和正装的配色（图 5-21）。

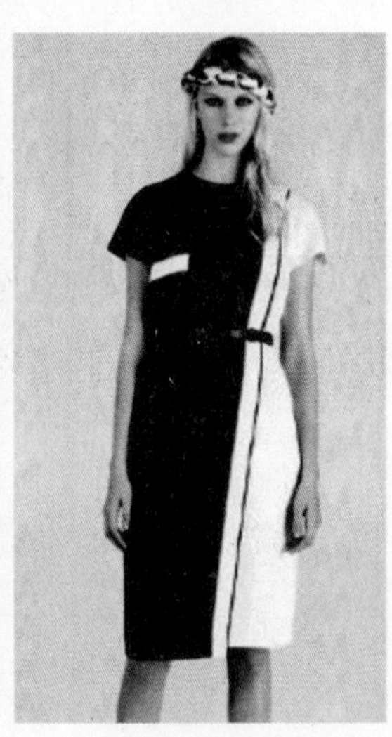
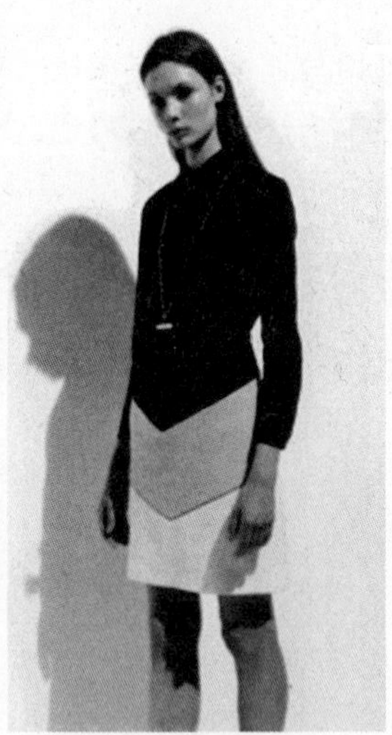

图 5-21 低长调女装搭配

8. 最长调

指黑白各占 1/2 的对比关系。此调对于短款的女夏装及充满前卫感的服装都极适合。明度差大的配色，可创造出明快的对比效果，是视觉认可性最高的鲜明印象，它创造出当代的青春活力派形象。这种配色的特征是清晰、强烈、坚强、明快，总之能与所有生动的格调联系在一起，因此应用的领域范围极广。在服装设计中，这类配色是一种没有季节性和年龄差别又很少受 TPO 限制、无论谁都能使用的配色。

(三) 以纯度为基础的女装配色

是把色彩的纯度做切入点进行的配色。首先在等色相面上的色调环内进行配色分类。

1. 高纯度色调

高纯度的配色浓艳、强烈,一般多为中等明度,练习中主要考虑色相关系的变化即可。

2. 中纯度色调

中纯度的配色饱满、浑厚,往往是由中等明度的色组成,色感强但又不失稳重。

3. 低纯度色调

低纯度的配色朴素、柔和,略带成熟气质。在大面积的浊色中点缀小面积的艳色不失为一种好的配色。

4. 单一色相等明度的纯度对比

指一个颜色与它同等明度的灰所作色阶之间的对比关系(色立体横向关系)。这个颜色尽量选纯度值比较高的色,以提高视觉的分辨率和注目性,如大红、橘黄、中黄等(图 5-22)。

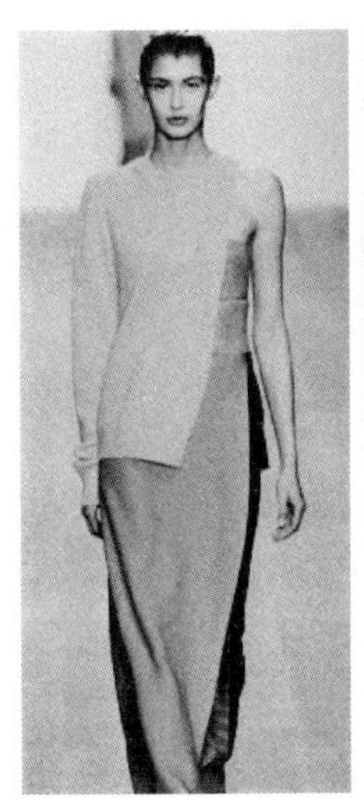
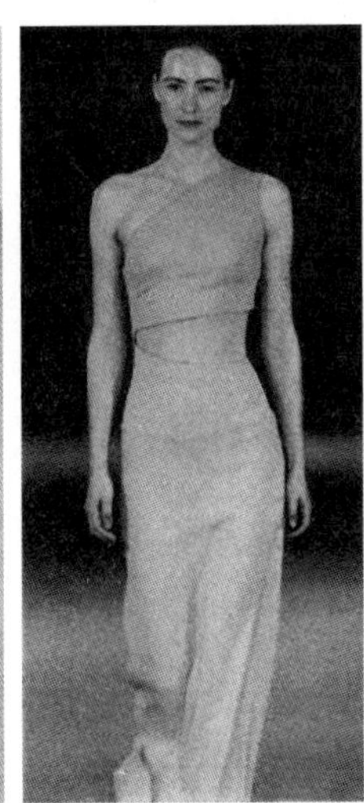
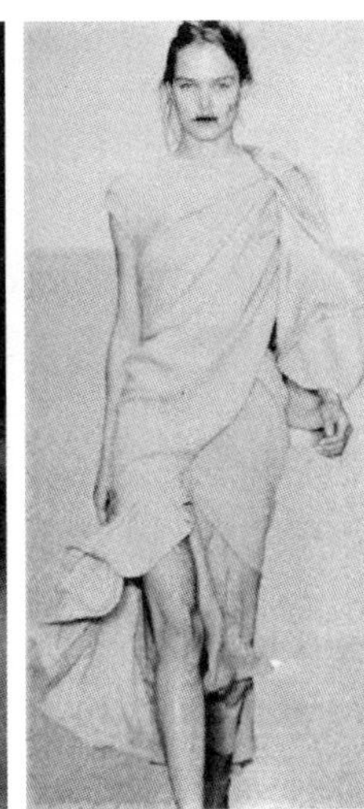

图 5-22　单一色相等明度的纯度对比

5. 单一色相不同明度的等纯度对比

指一个颜色与无彩色系不同明度的黑白灰所作色阶之间的对比关系(色立体纵向关系)。配色时拉开明度的距离,方可取得好的效果。

6. 纯度差大

极强色调与灰色调的组合,极强色调与浅淡色调的组合,极强色调与无彩色色调的组合等。既可以表现强烈、华丽的厚重,又可以表现强烈、华丽的轻快,是有双重效果的配色。

7. 纯度差中

鲜明色调与灰色调的组合等是有适度华丽感或适度稳重感的配色,根据各色不同的纯度位置,可以创造出强弱、素朴与华丽感,融合着各种不同的复杂性格。

8. 纯度差小

迟钝色调与灰色调、浅淡色调与极浅淡色调的组合等相邻色调的配色。它是展示纯度自身特征的配色，根据所选择颜色的纯度，会形成或强或弱的印象。既可以取纯度、明度、色相都很近似的色进行组合搭配；相反，有的为了增加一些抑扬顿挫的效果，也采用明度或色相差都较大的色组合。

9. 纯度相同或纯度差极小的配色

浅淡色调与浅淡色调，极强色调与极强色调等相同纯度的配色。因为是用相同纯度作为支配要素统治整体的配色，表现出来的自然是纯度自身所固有的特性。根据不同纯度所具有的效果，结果既可以是强烈的华丽，也可以是宁静的素雅，另外可调整明度或色相来增加变化（图 5-23）。

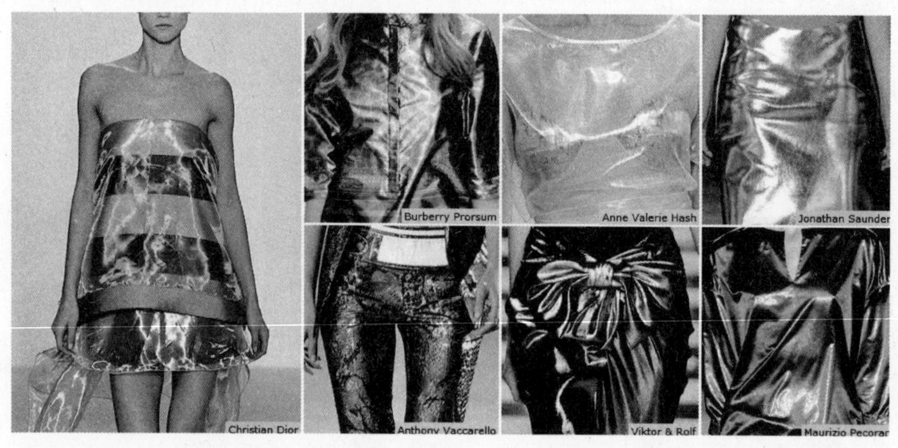

图 5-23 纯度相同或纯度差极小的配色

本章小结

本章分别从三个方面对女装色彩设计涉及的相关内容进行介绍：色彩的基本知识，女装色彩的常用分类和影响因素，女装色彩的基本设计原则和方法。色彩的物理特性、象征性、联想性以及与社会心理之间的关联往往能够对女装产品风格和功能的展现有着重要的作用。利用好色彩的特性，并辅助以流行色的相关要素是进行女装色彩设计的关键点。

思考与练习

1. 色彩搭配需要遵循哪些原则？如何通过色彩的搭配来体现服装特色？
2. 色彩的运用对于女装系列化设计有何帮助？可以通过哪些表现方式来达到设计目的？
3. 流行色对服装设计的指导意义在于哪里？试述你对流行色的认识。
4. 任意选择一种风格化色彩，设计一组女装系列（不得少于五个款式），表现方式不限。
5. 以图片文字结合方式，模拟发布下一季女装流行色趋势。

第六章 女装材料设计

女装设计并非只是一个简单描绘新颖效果图与设计的过程，专业的女装设计师还必须透彻地了解各种材料的功能和特点，明确材料对服装廓型和线条的影响，能够合理地运用材料实现设计构想，并选择针对性的材料以有效地控制成本，从而更好地掌控女装产品的设计和生产。

第一节 服装材料概述

一、服装材料的涵义

人们常常会将服装材料与服装面料等同起来。其实服装材料的范围更加广泛，它指的是构成服装的全部用料，包括面料、里料和辅料三大类。具体说来，面料一般指的是服装最外层的材料，是体现服装造型、色彩、功能等设计意图的重要部分。里料用于制作服装衬里，通过部分或全部覆盖服装内层使服装具有内里光滑、美观、穿脱方便等功能。除开面料和里料以外，一切用于服装构成的其他用料被称为辅料，它在服装中起着辅助作用。常见的服装辅料包括有拉链、纽扣、织带等。

服装材料中还有两个重要的概念：纤维与纱线。纤维是构成面料和辅料的最主要物质。通常人们将长度比直径（直径在几微米或几十微米）大千倍以上且具有一定柔韧性和强力的纤细物质统称为纤维。自然界中的纤维很多，但只有具备可纺性且能够用于纺织制品的纤维才能称为纺织纤维。纤维捻在一起后便成为了纱线，再通过梭织或针织的构成方式生成面料（图6-1）。纤维组成、纱线类别和织物结构是构成服装面料的最基本要素。此外，色彩和后整理也是重要的组成部分：色彩可以增强织物的外观，而后整理则可以满足织物的特定用途。

图6-1　羊毛纤维、纱线和面料示例

本章节中对服装材料的说明主要集中于服装面料和服装里料。

二、服装材料的重要性

（一）服装材料是设计创意的必要载体

材料是构成服装的基本要素，是体现设计师创意的物质载体，也是服装生产加工的客观对象。无论是什么风格、什么品类的服装产品都无法脱离材料而存在。面料为服装产品的构成提供了基本的素材与框架，里料从舒适性和美观性上进一步完善服装设计，而辅料则对特定的服装造型和细节处理有着重要的作用。一般来说，不同品类的服装会对其产品的材料构成有着各自惯用的标准，例如西服往往采用毛制品，而夏季的裙装则采用舒适透气的棉麻和丝制品。服装材料不仅仅是造型的物质基础，也是造型艺术的表现形式。

（二）服装材料是创新设计的突破途径

对服装材料进行拓展和再造是实现创新设计的突破口。相对于服装色彩和廓型来说，材料的选用和再造空间要广阔的多，越来越多的设计师与品牌都开始加大对材料的改造力度以创造全新的作品。即便是最为经典的服装样式，当其面料和加工工艺有了创新之后，也会展现出完全不同于之前的面貌来（图6-2）。

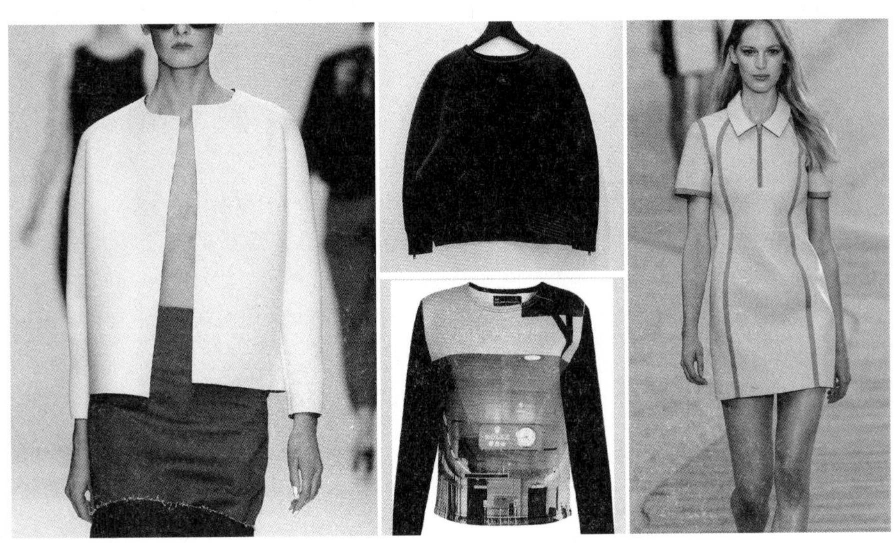

图6-2 氯丁橡胶面料令简洁的服装品类焕发新的光彩

（三）服装材料是功能需求的重要表现

服装产品的功能有很多种：实用功能、审美功能、标识功能等等。后两种功能可以通过色彩、廓型、装饰细节等处理达到，但实用功能往往都是通过面料的性能来完成的，特别是户外运动的服装往往需要有舒适透气、防风防雨、防紫外线等性能，这一类的功能除了依赖纤维本身所具有的特性外，还可以通过织物特殊的组织结构和后整理工艺得以实现。

三、服装材料的发展趋势

（一）更符合可持续发展的服装材料

环保的概念在服装界已经非常普遍，越来越多的设计师选择天然健康、少污染、可循环利用的材质来进行产品的制作，有机、天然、再生成为可持续服装面料的开发方向。不仅如此，以往废弃的垃圾如今也成为了全新纤维开发的关键来源，再生咖啡基、再生 PET、再生尼龙等可回收材质的生物研发技术越来越成熟，未来的服装材料将更加符合环境发展的需求（图6-3）。

（二）更符合人们生活需求的服装材料

不断适应人们日益变化的生活方式和需求是服装材料未来发展的方向，目前随着人们对健康的重视以及可穿戴设备成为科技界竞相追逐的大热门，围绕医疗数字化和智能化的研发成为重点，纳米纺织品的深入研究正是典型表现。例如，维克森林大学纳米技术及分子材料中心的研究人员已经开发出一种新型布料，这种名为“电拉绒（Power Felt）”的材料可通过温度的变化产生电荷，使得人们在路上就可以为移动设备充电。而伦敦艺术大学未来纺织研究中心的 Jenny Tillotson 一直致力于研究智能“情感时尚”的理念。在压力值超过一定极限时，该服装可以释放出幸福的气味，以减轻压力、改善睡眠、缓解紧张情绪(图 6-4)。

图 6-3　垃圾变资源：Singtex 的再生咖啡基 S. Café 可用于各类面料；Schoeller 的再生 Corkshell™ 软木纤维可用于户外服装面料；再生尼龙可用于海滩装和男士西装面料

图 6-4　Jenny Tillotson 的情感时尚纺织品

第二节 女装材料设计概述

一、女装材料的常用分类与特征

（一）女装材料的常用分类

纤维是织物最基本的组成部分，也是构成女装面料和里料的重要元素，但女装材料中还有很大一部分是由非纤维材料组成的，例如纽扣、拉链等辅料以及皮革类制品。根据纤维构成、织造方式、加工工艺等方面的不同，女装材料可以有很多种分类。表6-1对女装用材料（主要是女装面料）的典型分类进行说明。

表6-1 女装材料典型分类

	分类	子分类	主要用途
按原料材质分类	纺织面料	天然纤维织物	大多数女装，根据不同品种适合不同女装品类
		化学纤维织物	
	皮革面料	皮革	皮夹克、皮裙、皮裤等女装及配饰
		裘皮	更适合制作外套类女装及配饰
按织造工艺分类	梭织物	精梳织物	大多数女装
		粗梳织物	更适合做外套类女装
	针织物	圆机针织物	T恤、袜子、内衣等女装
		横机针织物	毛衫等女装
	非织造物	填充棉、毡、无纺布	常用作保暖、黏合以及衬、垫等女装辅料

女装的原材料种类繁多，要在材料上有所创新和突破，首先需对原料的构成与组合有所了解。了解纤维原料的种类和基本特性，有利于掌握纺织物的基本构造和功能。女装纺织面料按照原材料的构成可进一步分为天然纤维类、化学纤维类以及皮革类。

1. 天然纤维织物

天然纤维是自然存在的、具有可纺价值的纤维，它是具有一定强度、柔韧度和弹性的细丝状物质。根据来源可以分为植物纤维、动物纤维和矿物纤维，典型的植物纤维包括棉、亚麻等，动物纤维包括绵羊毛、山羊绒、马海毛、桑蚕丝等，而石棉则是典型的矿物纤维。我们常说的天然纤维主要由棉、麻、丝、毛四大类组成。

无论在哪个国家，天然纤维用作女装材料都有着悠久的历史。我国早在9 000年前就掌握了植棉、种麻、养羊和育蚕的技术，而埃及在公元前4500年左右就有了麻织物。用天然纤维织造的服装陪伴人类走过了非常漫长的一段历史时期。

（1）棉纤维与棉织物（COTTON）

棉纤维是棉籽上的种子毛成熟后经采集轧制加工而成的，适用于各类女装的制作（表6-2）。

表 6-2 棉纤维分类及主要用途

按棉纤维的长短分类	说明	主要用途
细绒棉	长度一般在 23 ~33 mm 左右，可纺制 14 ~25 tex 或 7 ~10 tex 纱	产量最高，适合制作多种女装
长绒棉	长度一般在 33 ~45 mm 左右，可纺制 2 ~6 tex 纱	产量适中，更适合制作高档女士内衣、衬衫等
粗绒棉	长度一般在 13 ~25 mm 左右，可纺制 36 tex 以上的粗纱	产量低，已逐步被细绒棉代替

棉织物俗称棉布，是以棉纤维为原料的织物，以优良的服用性能成为最常用的女装面料之一。多用于女士内衣、夏季女装的制作，也是常用的春秋外衣和休闲装面料（表 6-3）。

表 6-3 棉织物分类及主要用途

按织物组织分类	常见织物		
	子分类	说明	主要用途
平纹类	平布 	棉纱织制的平纹布，经纬纱细度和密度接近或相同 组织简单、结构紧密、表面平整、缺乏弹性	粗平布：女式工作服、外衣 中平布：女式家居服 细平布：女式衬衫、内衣、夏季女装
	细纺	采用特细精梳棉纱作经纬纱的平纹织物 平整细洁、结构紧密、轻薄柔软、表面光洁	女式衬衫、睡衣、夏季女装或刺绣类女装等
	府绸 	特细、高密度的平纹或提花棉织物 质地细密、轻薄柔软、织纹清晰、颗粒饱满	女士衬衫、内衣、睡衣、夏装女装经特殊整理的高密度府绸可制作女式羽绒服或风雨衣等外套
	巴厘纱 	细强捻纱织成的稀薄平纹织物，密度稀疏 光洁透明、布孔清晰、手感挺括、吸汗透气	女式衬衫、裙子、内衣、睡衣、头巾等
	麻纱 	布面呈现宽窄不同的纵向细条纹，外观和手感类似天然麻织物。 布料稀薄、高低不平、纱孔明显、挺括凉爽	女式衬衫、裙子、夏季女装等

续 表

按织物组织分类	常见织物		
	子分类	说　明	主要用途
斜纹类	卡其	高紧密度斜纹织物，表面呈现细密、清晰的斜向纹路 紧密厚实、挺括耐穿、光泽较好、织纹清晰	女式制服、女裤、风雨衣、夹克等外套
	斜纹布	中厚型全纱斜纹织物，正面有向左倾斜的纹路，45°倾角 较平布紧密厚实，但没有卡其挺括	女士制服、女便装、工作服等
	哔叽	加强斜纹组织，正面有45°倾角的斜纹，反面纹路方向相反 结构较松、质地柔软、纹路清晰	女式外衣裤
缎纹类	直贡与横贡	缎纹组织棉织物 表面光滑、手感柔软、紧密细腻、富有光泽、耐磨性差、容易起毛	女式衬衫、外衣、裙子、高档时装等
其他组织类	牛津纺	传统精梳棉织物，表面有色点和凸起的组织点形成的颗粒效应 质地柔中有挺、弹性较好、吸湿透气	多制作女式衬衫
	牛仔布	紧密粗厚的色织棉布，经纱用蓝色或黑色染色纱，纬纱用漂白或原色纱，经组织点多 手感厚实、织纹清晰、坚固耐磨、较为挺括	多制作女式牛仔裤、夹克等 经过后整理的牛仔布还可制作女式衬衫、西装等
	泡泡纱	表面呈现凹凸不平、泡泡状的薄型棉织物 外观独特、立体感强、舒适不贴身	夏季女装、睡衣等

续 表

按织物组织分类	常见织物		
	子分类	说　明	主要用途
其他组织类	平绒	以经纱或纬纱在表面形成短密平整绒毛的棉织物 平坦整齐、光泽较好、手感柔软、不易起皱、耐磨性好、保暖性好	春秋冬季女式外衣
	灯芯绒	表面呈现耸立绒毛，排列成纵条或其他形状 条纹清晰、丰厚饱满、手感柔软、保暖性好	春秋冬季女式外衣、女裤，特细条绒还可制作女式衬衫、裙子等
	绉布	高捻度纬纱经染整处理后收缩形成绉纹效应的棉织物 质地轻薄、手感柔软、吸湿透气、不贴身	夏季女装

(2) 麻纤维与麻织物(LINEN)

麻纤维是各种麻类植物经脱胶等工艺取得的纤维总称，是人类最早用来做衣服的纺织原料。按照麻纤维品种的不同，麻织物包括有苎麻织物、亚麻织物、大麻织物以及麻混纺织物等，表6-4主要介绍纯麻织物的主要分类。

表6-4　麻织物分类及主要用途

按织物成分分类	常见织物		
	子分类	说　明	主要用途
苎麻织物	夏布	手工织制的苎麻布，以平纹为主 组织紧密、色泽均匀、透气散热	夏季女装、女式衬衫
	苎麻布	机纺或机织的苎麻织物，有平纹、缎纹、小提花组织 外观较夏布细致、光洁	夏季女装、短苎麻织物还可制作牛仔裤或粗犷感的外套

续 表

按织物组织分类	常见织物		
	子分类	说明	主要用途
亚麻织物	亚麻细布	一般泛指细号、中号亚麻织物，以平纹组织为主，具有竹节风格 光泽柔和、吸湿透气、舒适凉爽、易洗易烫	内衣、夏季女装、女式外套等，用途广泛
	亚麻帆布	用短麻干纺纱织造，多为双经重平组织，厚重	衬布
大麻织物	纯大麻织物，大麻、棉混纺织物，大麻、羊毛混纺织物	以纯大麻纤维或与棉、羊毛进行混纺织造的麻产品 吸湿导热、抗菌性好	夏季女装

(3) 丝纤维与丝织物(SILK)

丝纤维是从蚕茧中得到的天然蛋白质纤维。早在公元前2 000年前，中国人就发明了养蚕、制丝、丝织的技术。丝织物按照原料的不同可分为真丝织物、榨丝织物、绢纺丝织物、人造丝织物等。常见的丝织物包括有纺、绉、缎、绫、绢、罗、纱、绡、绒、锦、葛、绨、呢、绸等(表6-5)。

表6-5 丝织物分类及主要用途

按织物组织分类	常见织物		
	子分类	说明	主要用途
纺 (平纹组织，质地轻薄的花、素丝织物)	电力纺	桑蚕丝生织纺类丝织物，因用厂丝电力织机织造而得名 柔软轻薄、平整细节、光泽感强	夏季女衬衫、裤子、裙子、头巾、衬里等。重磅电力纺经后整后还可制作女式夹克与风衣
	杭纺	以桑蚕丝为原料的生织丝织物，因盛产于杭州而得名，历史悠久 光洁平整、织纹清晰、厚实紧密、富有弹性	夏季女衬衫、裙子、裤子等，经后整理可用于春秋外衣

续 表

按织物组织分类	常见织物		
	子分类	说　明	主要用途
纺 (平纹组织，质地轻薄的花、素丝织物)	绢丝纺	以短蚕丝为原料，用双股绢丝织制的平纹丝织物，生织染色为主 滑糯柔软、织纹简洁、光泽柔和、吸湿透气	女式衬衫、内衣、睡衣等
	雪纺	平纹丝织物，经纬密度接近，原料有桑蚕丝、人造丝和合纤长丝 极其轻薄、透明飘逸	晚装、礼服、披纱、头巾等
绉 (表面呈现绉纹效应，质地轻薄的丝织物)	双绉	以桑蚕丝为原料，平经绉纬织物，表面呈现细微均匀的鳞状绉纹 质地轻柔、富有弹性、光泽柔和、手感滑糯、凉爽舒适	女式衬衫、裙子、裤子、头巾等，重磅双绉还可制作夹克与风衣
	乔其纱	经纬向均为强捻桑蚕丝的平纹织物，表面有细微凹凸绉纹及明显小纱孔 轻薄透明、光泽柔和、手感滑糯、富有弹性、不易皱折、透气性好	夏季女衬衫、裙子、舞台服装、晚装、礼服、丝巾等
缎 (缎纹组织或以缎纹组织为地的花素丝织物)	软缎	以八枚经面缎纹织成，多为桑蚕丝与黏胶丝交织 质地柔软、色泽鲜亮、光滑如镜	女上衣、礼服、舞台服装、高档里料等
	绉缎	平经绉纬桑蚕丝缎类织物，一面有细微绉纹，另一面光滑明亮 平滑柔润、弹性较好、质地紧密坚韧、舒适	女衬衫、裙子、礼服等
	织锦缎	熟织提花绸缎，缎纹大提花组织，色彩丰富多变，花纹精细复杂 光亮平挺、细致紧密、厚实坚韧、色彩夺目	秋冬女装、旗袍、礼服、高档睡衣等

续 表

按织物组织分类	常见织物		
	子分类	说　　明	主要用途
绢（平纹或重平组织，挺括坚韧、质地轻薄）	塔夫绸	桑蚕丝熟织的平纹丝织物，密度高 质地紧密、细洁精致、光滑柔和、色泽鲜艳、手感硬挺、不易褶皱	女上衣、礼服、羽绒服等
纱（纱组织织制的丝织物，表面有纱孔）	香云纱	桑蚕丝生织提花纹绞纱织物，隐约可见绞纱点子暗花 凉爽透风、吸湿散热、耐洗耐穿、易洗快干	夏季女装
锦（斜纹或缎纹组织的多彩色提花丝织物）	蜀锦、云锦、宋锦等	绚丽多彩、厚实饱满、装饰感强、工艺复杂	礼服、女上衣

（4）毛纤维与毛织物（WOOL）

毛纤维指的是天然动物毛纤维。按照毛纤维来源的不同可以分为羊毛、兔毛、牦牛毛等。毛织物的种类主要包括派力司、凡力丁、华达呢、哔叽、啥味呢、直贡呢、马裤呢、驼丝锦、麦尔登呢、法兰绒、大衣呢、粗花呢、制服呢、长毛绒等（表6-6）。

表6-6　毛织物分类及主要用途

按织物成分分类	常见织物		
	子分类	说　　明	主要用途
精纺毛织物	华达呢	用经梳毛纱织造，具有一定防水性的紧密斜纹毛织物 表面平整、斜纹清晰、挺括结识、质地紧密	女士西装、套装、裤子、裙子、大衣等
	啥味呢	有轻微绒面的精纺毛织物，混色夹花织物，又名精纺法兰绒 光泽柔和、绒毛平齐、手感糯软、弹力较好	女式春秋外套、裤子、裙子等

续 表

按织物组织分类	常见织物		
	子分类	说 明	主要用途
精纺毛织物	凡立丁	优质羊毛为原料的轻薄型平纹毛织物 呢面平整、滑爽挺括、织纹清晰、透气良好	春秋和夏季的上衣、裤子、裙子等
	贡呢	中厚型缎纹毛织物，表面有细致明显、间距较窄的贡条纹路 紧密厚实、富有弹性、悬垂贴身、容易起毛	礼服、大衣、西装等
	花呢	花式毛织物，是精纺呢绒中花色变化最多的品种 花型多、色泽多、组织变化多、光泽柔和	各式女时装
粗纺毛织物	麦尔登	粗纺呢绒，因首创于英国麦尔登地区得名。重度缩绒整理，正反面有毛绒覆盖 丰满平整、不起球、耐磨耐穿、挺括不皱	冬季女大衣、制服、帽子等
	法兰绒	平纹或斜纹织造，经缩绒、拉毛整理后呢面覆盖轻微绒毛 垂感好、薄厚始终、利于造型、色彩柔和	西装、夹克、大衣、裤子、裙子等
	粗花呢	粗纺花呢的简称，常采用散纤维染色 结构疏松、手感粗犷	春秋冬季女上装、裙子等

2. 化学纤维织物

化学纤维是以天然或人工合成的高聚物为原料，经过特定加工制成的纤维。根据高聚物来源的不同，化学纤维可以大致分为再生纤维素纤维和合成纤维两大类。再生纤维素纤维是以天然高聚物为原料，经过纺丝加工制成的。合成纤维是以石油、煤和天然气等材料中的小分子物质为原料，经过人工合成得到高聚物，再纺丝制成。

人们熟悉的涤纶、锦纶、氨纶等纤维都是常用的合成纤维，而近几年来，竹纤维、莱卡、莫代尔、玉米纤维等再生纤维素纤维由于性能优良、材质天然，同时兼具天然纤维和化学纤维的特点而备受关注（表6-7）。

表6-7 化学纤维分类及主要用途

按织物成分分类	常见织物		
	子分类	说明	主要用途主要用途
合成纤维	锦纶（尼龙）	聚酰胺纤维，又名耐纶，于1938年在美国发明时，即被宣称其具有比铁还强，如云般轻盈，如丝般的柔顺的惊人特性	女式羽绒服、登山服、运动服
	腈纶	丙烯腈系纤维，有如同羊毛般柔软的手感，有马海毛般的张力，因而用途与羊毛相近	女式毛衣、户外服装、泳装等
	涤纶	聚酯纤维，形态与尼龙相似，是合成纤维中强度最强的纤维种类之一	外套尤其是运动类女外套
	氨纶	聚氨脂纤维，随着人们在穿着上对着装的舒适性之要求越来越高，氨纶即成为十分重要的服装材料之一	内衣、运动服装、其他需要弹力功能的产品
再生纤维素纤维	黏胶纤维	以木浆、棉短绒为原料，分解出粘胶液并用高速离心机分离出纤维，经水洗、漂白、添加整理剂、干燥等工艺流程制成黏胶纤维。适于量产，价廉物美	内衣、睡衣、衬衫、袜子、毛巾以及床上用品等贴身纺织品

续表

按织物组织分类	常见织物		
	子分类	说明	主要用途
再生纤维素纤维	醋酯纤维	采用木屑为原料，通过化学反应置换成乙酰基取得纤维醋酸脂，经干式纺丝法制成醋酯纤维。属半再生纤维	里布、女式内衣裤、黏结材料的底布
	铜氨纤维	铜氨纤维的主要原料是残留于棉下脚料中的棉短纤维，在铜氨溶液中浸泡溶解后经湿纺丝工艺而得到相应的人造再生纤维	内衣、睡衣、衬衫、袜子、毛巾以及床上用品等贴身纺织品

3. 毛皮制品

自远古时代起，毛皮制品就已经成为人类服装和服饰的主要材料之一。远古人类在学会纺纱织布之前，靠着狩猎动物和采摘植物的方法获得覆盖身体的原料，尤其是毛皮产品，不仅仅可以大面积遮挡身体，还是保暖御寒的优良材料。毛皮制品在目前的织物体系中可以大致分为皮革制品和皮草制品两大类。

(1) 皮革类毛皮制品

皮革是经过加工处理的光面或绒面动物皮板的总称，由天然皮革和人造皮革组成。

天然皮革按照来源的不同可以分为家畜革、野生动物皮、鱼蛇皮和禽鸟皮等。常见的家畜革包括有黄牛皮、水牛皮、牦牛皮、马皮、驴皮、猪皮、山羊皮和绵羊皮等，野生动物皮包括羚羊皮、鹿皮、袋鼠皮和麂皮等，鱼蛇皮有鳄鱼皮、蛇皮、蟒皮、鲨鱼皮、蜥蜴皮和蛙皮等，而鸵鸟皮则是典型的禽鸟皮。

人造皮革是一种纺织复合材料，拥有近似天然皮革的外观。这种产品出现的最初目的在于降低皮革制品的造价。人造皮革可以分为人造革和合成革两大类：人造革是以机织布或针织布为底布，并大多以 PVC 为涂层的人造皮革；合成革是以非织造布为底布，PU 为涂层的人造皮革。

(2) 皮草类毛皮制品

皮草制品可以是裘皮也可以是仿裘皮产品。裘皮是经过鞣质加工后的动物毛皮。裘皮的种类也非常广泛，在我国，皮张可以制裘的动物有 80 多种，且以人工饲养的皮毛兽为主。

裘皮根据不同的分类标准有着不同的产品组成。按照动物生长的不同环境，可以分为家畜毛皮、野兽毛皮和海兽毛皮；按动物成长的不同时段可以分为胎毛、小毛和大毛。根据毛被的特点、品质和价值可以分为小毛细皮、大毛细皮、粗毛皮、杂毛皮四大类。小毛细皮的典型产品有水獭皮、紫貂皮、黄鼬皮、海狸皮、水貂皮等，大毛细皮的典型产品包括狐皮、貂皮、猞猁皮、狸子皮等，粗毛皮包括有羊毛皮、狗皮、狼皮和豹皮等，杂毛皮则由猫皮、兔皮等组成。

随着人们环保意识的增强，仿裘皮产品越来越代替真皮产品运用到服装生产中来。这种面料外观类似动物毛皮,但通过织造手段获得。根据织法的不同可以分为针织人造毛皮和机织人造毛皮以及人造卷毛皮三大类。

(二) 典型女装材料的特性

材料的特性由特征和性能两方面组成。特征可以通过目测、触摸等行为直接看到、感受到,包括质感、肌理感、厚薄、轻重、悬垂感、触感等。性能则需要通过穿着或实验分析后获得,通常包括伸缩性、舒适性、保暖性、耐磨性、吸湿性、透气性等。表6-8对纤维的美学特性和功能特性进行说明。

表6-8 不同纤维美学特性、功能特性分析

纤维	美学特性			功能特性					
	外观	光泽	手感	弹性	吸湿	保暖	抗皱	染色	抗静电
棉	质朴	一般	柔软	差	一般	差	差	好	好
麻	粗犷	较好	挺括	差	好	好	差	差	好
丝	华丽	柔和	柔软	良好	好	一般	一般	好	好
毛	优雅	柔和	柔糯	好	好	好	好	好	好
锦纶	华丽	暗淡	较硬	好	差	差	好	好	差
腈纶	蓬松	耀眼	柔软	好	差	好	好	好	差
涤纶	丰富	明亮	挺括	好	差	好	好	差	差
黏胶	/	光亮	柔软	差	好	一般	差	好	好
醋酯	/	优雅	光滑	好	一般	差	好	好	好
铜氨	/	柔和	细软	较差	好	一般	好	好	好

二、女装材料的常用染整工艺与特点

(一) 女装材料染整的作用

面料从纺织厂或针织厂生产出来后并不能直接进入市场,中间必须经由印染厂对坯布进行练漂、染色、印花与整理等一系列加工,以达到一定的外观、手感和功能,这一系列加工称为印染后整理,简称染整。染整加工的对象可以是纤维、纱线、织物与服装,这其中以织物居多。

对女装材料进行染整加工的作用主要有三个方面:

1. 提升产品的美感

增加女装材料的白度、赋予流行色和图案等。

2. 改变面料的外观

通过起毛、磨绒、光泽、轧花、柔软、起皱、砂洗等改变女装织物的外观风格。

3. 赋予特殊的功能

令女装材料拥有抗水、防风、拒油、防污、抗静电、防紫外线、免烫、阻燃、抗菌等功能。

（二）女装材料常用染整工艺（表6-9）

表6-9 女装常用染整工艺

砂洗（磨毛、磨绒）	水洗	丝光	涂层
用机械打磨的方法，让织物在干的状态下通过包有金刚砂纸的辊子，使织物的手感和色彩变得柔和	水洗是利用洗涤物中矿物质分子的磨损力量，适于丝绸和黏胶织物的整理。水洗的力量类似于砂纸	丝光是一个收缩过程。把织物在碳酸钠冷溶液中过一遍，使平面丝状棉纤维横向膨胀、纵向收缩，从而织物更有光泽	最早用天然油料或蜡来涂层，现在多采用聚乙烯和聚氯乙烯。令服装外观、手感有较大改进，并具有防水、防风等功能
打光	烂花	起毛	植绒
把浆料、虫胶、胶液涂在织物表层使之产生打光或抛光的效果，然后熨烫表面。经整理后的织物硬挺有光泽	用化学物质渗透到用两种纤维织成的织物中，腐蚀其中一种纤维，被腐蚀后的纤维会留下透明和半透明的地方，花纹随之产生	利用机械作用，将纤维末端从纱线中均匀的挑出来，使布面产生一层绒毛的工艺。使织物变得柔软丰满，保暖性增强	用静电场的作用，将短纤维植到印有黏合剂的织物上的加工工艺。视产品需要，植绒可以是局部的，也可以是全部的

三、影响女装材料设计的重要因素

（一）风格表现对女装材料设计的影响

女装材料的设计会受到服装风格的制约和影响，极简的产品选择的材料往往是素色、规整、光泽感的面料，奢华的产品多选择光泽感强、肌理丰富的织物，民族的产品则多采用粗糙、自然感的面料外观。

（二）美学表现对女装材料设计的影响

美学表现在女装材料设计中有着重要的作用，常常需要用到形式美的原理来进行织物结构和外观的表现，即使是无图案设计处理的面料往往还需要考虑其光泽、组织结构、肌理等外观的美观程度。

（三）功能表现对女装材料设计的影响

为满足人们生活或生产的需要，往往要求女装及其材料具有某种特殊的功能，采用防水、防污、抗静电、阻燃、防霉、防蛀等处理方法。除了纤维本身所具备的功能外，对纤维制品进行后加工整理是对织物的锦上添花过程，对于改善织物外观、性能、获得新面貌有着重要作用。

第三节 女装材料设计方法与步骤

一、女装材料设计基本原则

（一）充分考虑材料的特性

一般来说，什么服装选用哪一种面料，或哪种面料适合做哪种类型的女装，已经形成了约定俗成的定式，但有时也会有一些打破常规的大胆设计。不管是常规设计还是非常规设计，女装设计师都应熟练掌握不同面料的性能、质感及造型特色，才能灵活自如地运用面料为设计服务。以上的几个章节里，我们已经探讨了典型服装面料的性能和特点，在进行女装材料的挑选和设计时，这些性能和特点是首要考虑的原则。

（二）针对服装的需求挑选

除开面料的常规选择模式，服装材料的挑选往往还会受到特定设计需求的制约与影响。这一影响有可能来源于造型上的特殊设计，有可能受到流行元素的影响，还有可能是为了符合特定的功能需求。当出现以上几种情况时，就不能按照既定概念中的挑选方法选择面料了，而必须根据服装的需求进行挑选和搭配。

（三）结合生产成本和消费水平

在工业化大生产中，还有一个非常重要的因素会影响到服装面料的选择，那就是生产成本和目标消费群的消费能力。在进行大批量的服装制作时，必须要考虑到目标消费群对产品价格的接受范围，而不能仅仅依照产品设计的风格和需求进行选择，必要时降低设计的规格，选择成本更加合理便宜的材料代替高昂的精致面料也是经常会出现的现象。

二、女装材料设计基本方法

（一）感度联想法

女装面料的感度指面料的特性所传递出的情绪联想。从各种不同特性的面料中可以得到完全不同的情绪联想信息，如：清爽感、豪华感、温暖感等，不同的面料搭配组合，更强化了面料的形象视觉感。在女装设计中，对面料的合理选择就包含了合理地利用面料的特性感度来表现样式的视觉形象感。作为设计师，对女装面料进行感度的分析，有利于加强对女装设计要素的理解，是必不可少的课程。

女装面料的感度分析可以从物理性和情感性两方面进行，物理性感度词条包括轻重、厚薄等，情感性感度词条包括清爽、温暖、质朴、奢华等（表6-10）。

表6-10 女装材料物理感度

物理性感度词条	轻—重；厚—薄；强—弱；温—冷；粗—细
情感性感度词条	清爽；温暖；质朴；奢华；反复；纯粹

女装面料的情感感度往往与风格联系在一起。在进行女装设计的时候，先确定需要展现的女装风格，再考虑如何利用不同特性的面料进行表现。常用的情感感度可以从精致、质朴、摩登、未来、乡村、都市、运动、休闲、民族等着手（表6-11）。

表 6-11　女装材料情感感度联想

<table>
<tr><th>奢华宫廷</th><th>复古怀旧</th></tr>
<tr><td>
▶ 有一定的塑形性丨丰富的表面肌理丨质地高雅、华贵丨繁复、手工感丨光泽感强
▶ 蕾丝、锦缎、塔夫绸、天鹅绒、皮草、提花、刺绣面料等</td><td>
▶ 不均匀的色彩和纹理丨柔软丨破旧磨损的表面
▶ 丝绸、棉、羊毛、混色毛纱、提花、印花与烂花面料</td></tr>
<tr><th>浪漫女性化</th><th>乡村田园</th></tr>
<tr><td>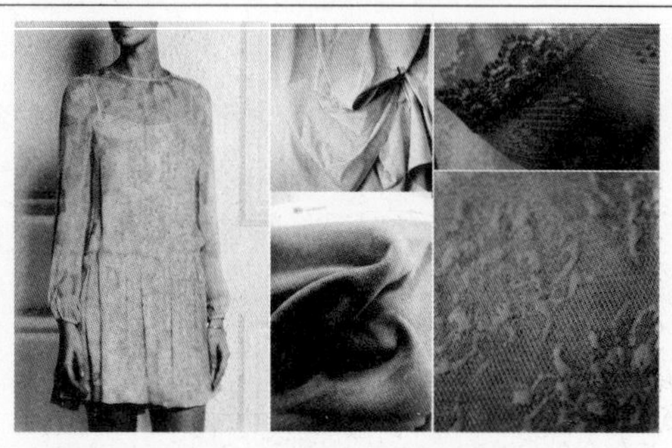
▶ 轻薄丨飘逸丨透明丨层叠感丨一定的悬垂感
▶ 雪纺、蕾丝、薄纱、棉、印花面料、柔软的针织面料</td><td>
▶ 质地较为疏松丨柔软、飘逸丨一定的表面肌理丨粗犷与手工感
▶ 棉、羊毛毡、灯芯绒、泡泡纱、粗花呢、表面有肌理的针织等</td></tr>
<tr><th>都市通勤</th><th>精致优雅</th></tr>
<tr><td>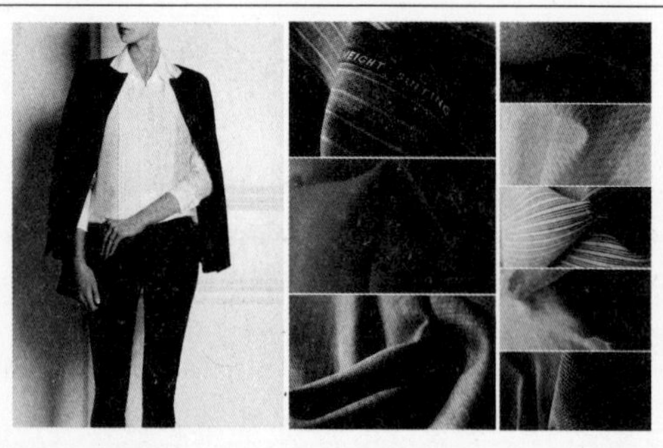
▶ 质地紧密丨有一定的挺括感丨表面光洁丨一定的功能性丨弹性丨易于打理
▶ 精梳棉、精纺毛料、涤棉、针织等</td><td>
▶ 质地紧密、柔软丨品质感丨丰富、隐秘的细节丨一定的光泽感
▶ 素皱缎、精致感的针织、锦缎等</td></tr>
</table>

续 表

运动户外	自然舒适
 ▶ 质地较为紧密丨舒适透气丨轻盈、弹性好丨坚固耐用、易打理丨涂层丨丰富的功能丨蜂窝表面 ▶ 网眼组织、弹力棉、尼龙、锦纶、弹性纤维、抓绒面料、舒适的功能性针织等	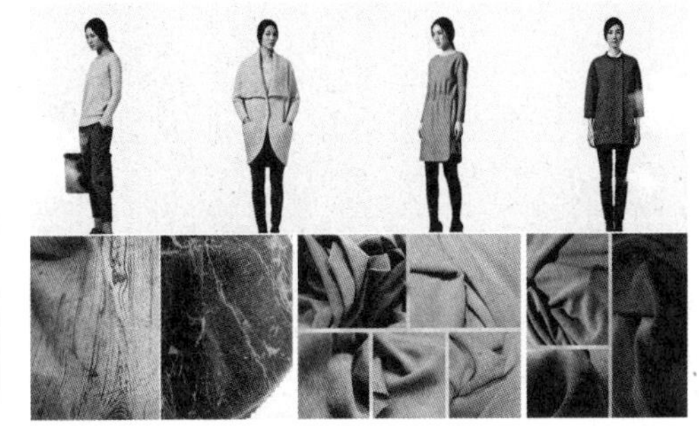 ▶ 天然肌理、颗粒感丨原生态丨一定的悬垂度丨舒适、透气丨柔软丨水洗 ▶ 全棉、亚麻、羊毛、天丝、竹、莫代尔等再生纤维素纤维、针织面料等
未来科技	**街头休闲**
 ▶ 闪耀的光泽丨金属质地丨涂层丨抛光感丨光滑的表面丨轻盈丨膨胀感与保护丨流动感丨重复与秩序感丨较强的塑形性 ▶ 氯丁橡胶、锡箔、金箔面料、填充面料等	 ▶ 一定的硬挺度丨厚重、耐磨丨柔软、舒适丨多层结构丨粗犷的表面肌理 ▶ 斜纹布、牛仔、棉、绗棉材质、粗棒针织物等

（二）二次设计法

二次设计也就是对材料的再造设计。在原有材料的基础上，运用各种手段进行改造，使现有的材料在肌理、形式或质感上都发生较大的、甚至是质的变化，从而拓宽女装材料的使用范围与表现空间。材料再造的方法多种多样，可以极大地发挥设计师的想象力与创造力。在实际运用中，我们将材料再造的方法归纳为以下两种：装饰性设计与破坏性设计。

1. 装饰性设计

装饰性设计是在面料表面添加额外装饰的方法，能够极大地加强和渲染女装造型的表现力，使女装的语言变得更加丰富，更具感染力。加法设计的具体表现形式有：印染、手绘、扎染、蜡染、刺绣、钉珠、镶坠、绗缝、拼贴、堆积、层叠、花边、抽褶、填充、编织等（图6-5）。

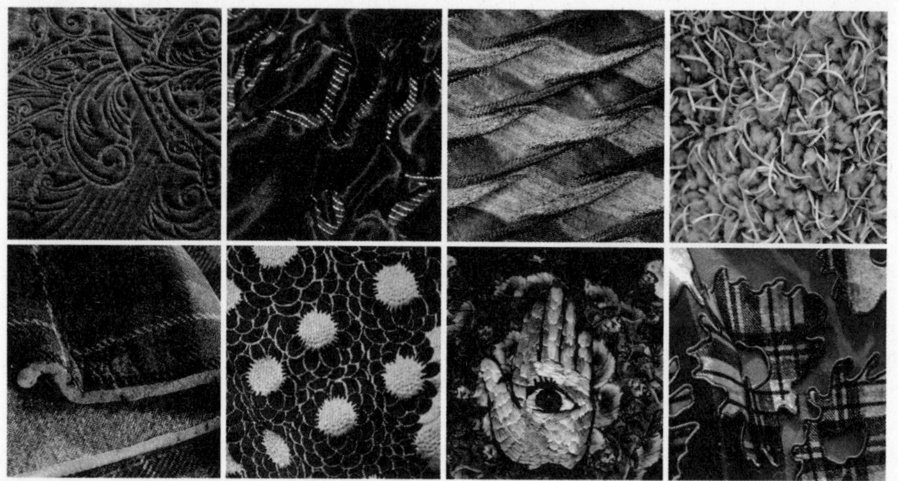

图6-5 装饰性设计。图片来源于Omniapiega、Piero Galli、Hangzhou Jinmang Textile、Carlo Pozzi & C、Easetex Industries Co.，Ltd.、Komatsu Seiren、Jakob Schlaepfer、Robert Ventura Gibson

2. 破坏性设计

破坏性设计是指通过破坏半成品或成品面料的表面，使其看起来不完整，打破了原有规律的创意设计。破坏性设计的主要手段有撕扯、剪切、磨刮、镂空、抽纱、做旧等。撕扯是在完整的面料上进行撕扯等强力破坏，使其留下具有各种裂痕的人工形态。做旧的效果一般用在牛仔面料上，通过水洗、磨刮的工艺达成。而镂空则是通过剪刀剪、手撕、火烧、抽纱、打磨、化学制剂腐蚀等方法在面料上做出镂空的花纹或文字。这些破坏性的设计操作方法不难、随意性强，极具表现张力(图6-6)。

图6-6 破坏性设计。图片来源于TWELVE、Megaware、L Amore Tessuto、Manifattura Foderami Cimmino、Nordtessile

以上都是最基本的面料二次设计方法，在实际的操作中还可以进行组合运用，以最大限度地发掘原料的潜在表现力，加强产品主题与设计特征。

本章小结

本章分别从三个方面对女装材料设计涉及的相关内容进行介绍：女装材料的典型分类与特征，影响女装材料设计的重要元素，女装材料设计的原则与方法。女装材料不仅仅是女装产品设计的载体，往往还能对女装新风格、新创意、新结构等设计的延展起到支撑作用，是非常重要的设计要素。

思考与练习

1. 女装面料有哪些常用的分类？
2. 天然毛皮面料与人造毛皮面料的异同？
3. 分别在天然和合成纤维中选择一种面料进行女装设计练习。
4. 利用二次设计的方式对常规面料进行再造。

第七章 女装图案设计

服装图案也称为服装纹样或花纹，好的图案设计能为服装增光添彩。掌握服装图案的常用分类和特点，熟悉女装图案的构成形式和设计方法有利于结合各类服装特点，打造更丰富的女装样式。

第一节　服装图案概述

一、服装图案概念阐释

“图案”其含义为有关装饰、造型的“设计方案”。“图”有形象、图形之意，“案”有文件、方案之意，所以图案可理解为有关形象和图形的方案。图案的应用范围非常广泛，室内装潢、平面设计、工业造型、书籍装帧等都离不开图案的装饰美化。具体到设计领域，图案可以从广义和狭义两个层面来理解。广义的图案指的是从美学角度对物质产品的造型、结构、色彩、肌理及装饰纹样所进行的形象创造和方案设计；狭义的图案指的是按形式美规律构成的某种或变形、或对称、或单独、或组合的具有一定程式感和秩序感的纹样或装饰。

图案通过某种适合服装的形式运用在服装上就变成了服装图案。更为广泛的说法则是服饰图案，指的是用于服装及配饰、附件以及与衣着相关的装饰设计和装饰纹样。

二、服装图案的重要性

（一）服装图案是增强视觉感受的重要元素

服装图案最重要的功能即审美功能，通过局部或整体的装饰，使得服装风格和设计重点得到强化，增强视觉感受的作用。图案的运用不仅可以丰富服装的装饰性，还可以有效地弥补款式造型和人体形象的不足，使原本单调的服装在视觉观感上产生层次、格局和色彩的变化，使服装更具个性与风采。美的服装不一定都有图案，但图案装饰得当的服装肯定是美的。

服装图案在服装上还能起到强化、提醒、引导视线的作用。设计师为特别强调服装的某种特点，或刻意突出穿着者的某一部位，往往运用强调对比、带有夸张意味的图案进行装饰，以达到事半功倍的效果。尤其是把比较有特色的服装图案作为设计重点时，服装的造型和结构可以相对简洁一点，不必像完全依靠造型和结构取胜的服装那么讲究造型和结构的繁复严谨性。

（二）服装图案是体现人文观念的重要载体

服装图案还有着区分阶层、等级，表明穿着者社会地位与身份的重要作用。这一作用与图案的象征性密不可分，象征的设计处理在服装图案的应用中非常常见，它超出了审美的范畴，将服装图案视为一种体现文化精神或社会需要的人文观念的载体，并借此达到某种象征或表意的目的。最为常见的是补子纹样的运用，这一系列官服上的图案是区分官阶的重要标志，文官绣禽，武官绣兽，不同的禽兽纹样代表了官员等级的高低不同（图 7-1）。现代社会，不少人将购买奢侈品牌的服装视为跻身富裕阶层的标准之一，起到标识作用的图案便集中展现在品牌 logo 等视觉化纹样上。除开等级的区分外，服装图案丰富的象征意义在服装设计与应用中的作用更为广泛，寓意吉祥的各类图案寄托了人们的人文关怀和希望，一些重大社会事件和人们普遍关注的“热点”，往往也会以图案形式反映到服装上。

（三）服装图案是美化人体的有效工具

服装图案如果运用得当，往往还会起到视差矫正的功能。人体常常有某些不足之处，并非每个人都能达到标准体型，这个时候服装图案就可以通过修饰或掩盖人体的不足之处，达到弥补缺陷，美化人体的功能。当然相比起服装设计的其他要素来说，这一类的修饰，尤其是平面化的图案修饰，作用还是比较微弱的。如果说版型和工艺的巧妙处理是对人体不足的实际弥补，那么色彩和图案则主要是利用视幻和视差的效果来填补不完美、不平衡的问题，从而发挥美化功能。

图 7-1 补子纹样代表了不同的官阶

三、服装图案的发展趋势

（一）服装图案内容更加包罗万象

当今的服装图案明显地反映了现代人的文化意识形态，仅山水花鸟和文字图案已满足不了人们追求风格和张扬个性的欲望——涉及到自然、生活、历史、科技等各个方面的图案开枝散叶般在服装上飞速发展。手机、钟表、滑板等时尚物品应有尽有，标识、报纸、动画让人应接不暇，墨迹、自画像一类也占有一席之地……眼花缭乱的图案给了设计者更多的设计语言和表现空间。

（二）数码印花图案越来越风靡

数码技术将纺织业从传统的工艺、设备、规模生产模式转变为数字化、个性化的生产模式，使印花过程不再受套色、花回限制，色彩表现也更逼真、更丰富。数码印花在未来服装图案中的运用也会越来越广。

第二节 女装图案设计概述

一、女装图案的常用分类与特点

（一）按素材来源分类的女装图案及特点

女装图案的素材指的是女装设计中所描绘展现的形象。素材的形成是设计师对生活中具体事物的发现和感动的表达，通过观察、分析、理解、提炼等步骤产生创作灵感，并通过图案的形式语言在女装中表现出来。图案素材的获取非常广泛，常见的女装图案包括有以下几个类别：

1. 花卉植物

花卉植物类图案在女装中的应用非常广泛，外套、裙子、礼服、内衣、衬里等各类设计都能发现花卉植物的踪影。作为自然与美的象征，这一类素材以芬芳的香气、娇艳的色泽和婀娜的形态为女装设计师们提供了无限的创作灵感。

花卉植物的图案之所以在女装中最为常见，是因为其具有以下特点：组织结构灵活，无论是拆散还是组合都非常方便，且不会削弱原本花草的基本特征。花卉植物，尤其是花卉，往往是女性化的象征，非常适合表现女装的浪漫、清新、柔美、性感等典型特征（图 7-2）。

图 7-2　女装中花卉植物图案的典型示例

2. 动物虫鸟

动物图案在我国历代女装中有着广泛的运用，除了有着各种隐喻的作用，还是身份和地位的象征，帝后和贵族女子的袍服上绣的各种瑞兽图案都有着严格的等级划分。现代女装中的动物虫鸟纹样虽然没有花卉图案那样广泛，但也是非常常见的女装纹样。动物纹中的虎纹、豹纹、蟒纹等图案常常用来展现性感、野性的女装风格。狗、猫、兔、羊等纹样常常用于可爱风格女装的设计。而虫鸟纹样中的飞鸟、蝴蝶和蜻蜓图案也是浪漫女装的常用装饰。

一般来说，动物虫鸟纹样在女装设计时往往会避开其神态的刻画，而着重表现或轻盈婀娜或矫健灵敏的形态特征（图 7-3）。

3. 风景图案

风景图案涵盖的内容复杂多样，从岩石、溪流、落日、丛林到都市建筑和名胜古迹，这一类图案在女装中展现的内容可以是单一的物品，也可以是情景式的丰富场景。近段时间来的潮流是将风景图案以数码照片式的方式印染在女装上，以突出纹样的写实感与怀旧感。但相对其他纹样来说，风景类的图案因其较为繁复、琐碎的特点，在女装设计时往往不能包罗万象什么都表现出来，因此女装中多数的风景图案有着高度提炼的特点，优秀的风景图案应当将客观世界复杂的景象去粗取精地概括出来（图 7-4）。

图 7-3　女装中动物虫鸟图案的典型示例

图 7-4　女装中风景图案的典型示例

4. 几何块面

几何纹样是男女装以及童装中都应用广泛的纹样。常用的几何纹样包括条纹、格纹、千鸟、点阵、曲线等。规律性强是几何图案的主要特征之一，无论是传统还是现代几何纹样都保持着特有的组织美感。通勤女装常常采用经典的条纹、千鸟格、犬牙纹等几何纹。未来感的女装则采用微小、规则的点阵、三角形、菱形、各种线形等图案。与其他类别的服装比较起来，女装更适于采用曲线形组成的几何纹样，以展现女性婀娜、柔美的体态（图 7-5）。

图7-5　女装中几何图案的典型示例

5. 人物卡通

人物卡通类纹样在女装中的常用题材有：明星肖像、影视剧照，宗教与神话中的典型形象，采用各种变形手法塑造的人物或卡通形象等。人物类的图案在女装中往往具有视觉冲击力强，更容易展现着装者的个性等特点（图7-6）。

图7-6　女装中人物图案的典型示例

6. 文字图案

文字图案就是以字母、汉字等各国的语言文字的字形为基础，进行各种变形、美化和装饰的图案。文字图案既可以作为一种标识，又可以表达一种概念，有着丰富的理性内涵，同时，以文字为基本形还可以进行各种各样的变形和美化，塑造或刚或柔的图形形象。文字图案是运动与休闲女装中非常常用的图案装饰内容(图 7-7)。

图 7-7 女装中文字图案的典型示例

(二) 按构图形式分类的女装图案及特点

女装图案按照构图方式可以分成单独式、连续式和群合式。

1. 单独式纹样

单独式的纹样有填充、点缀的作用,其基本的类别包括:自由纹样和适合纹样。

自由纹样指的是在不受外部轮廓限制的前提下,随意、单独地组成造型形态的纹样。自由式纹样比较独立,形式活泼,在表现形式上,自由式纹样又可以分为对称式和均衡式纹样。对称式是以中轴线和中心点为依据,在固定的中轴线和中心点的上下左右或多方面配置相应的同形同量纹样的形式。均衡式是不受轴线制约,自由地进行组织安排的一种纹样形式。均衡式和对称式比起来更为活泼(图 7-8)。

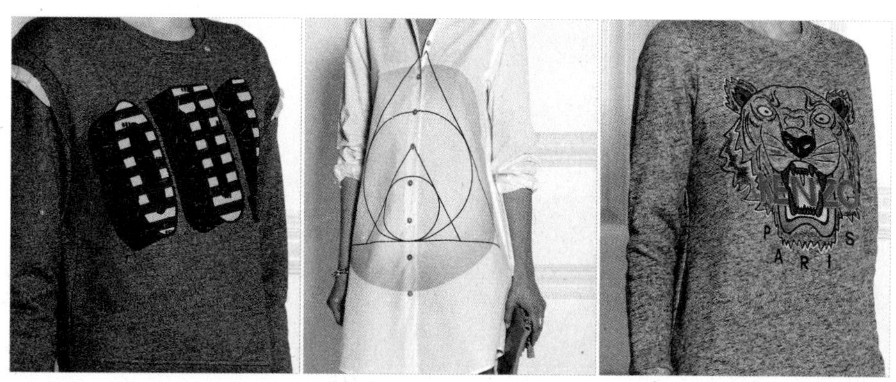

图 7-8 女装中单独纹样的典型示例

适合纹样可以是一个单独纹样,也可以由多个单位组成,但形式没有单独纹样自由,需要受到一定外轮廓的限制,并使纹样与外轮廓相吻合的一种组合形式。

女装中无论是哪一类别的单独纹样，都有着造型较为活泼、自由、表现力强的特点。

2. 连续式纹样

连续纹样是由一个或几个基本纹样组成单位纹样，向左右上下两个方向有条理地重复排列而成。连续纹样可以分为二方连续纹样和四方连续纹样，二方连续纹样有线性装饰的特点，适合做女装的边饰，如袖口、领边、底摆、脚口等部位。而四方连续纹样常用在满印图案的女装上(图7-9)。

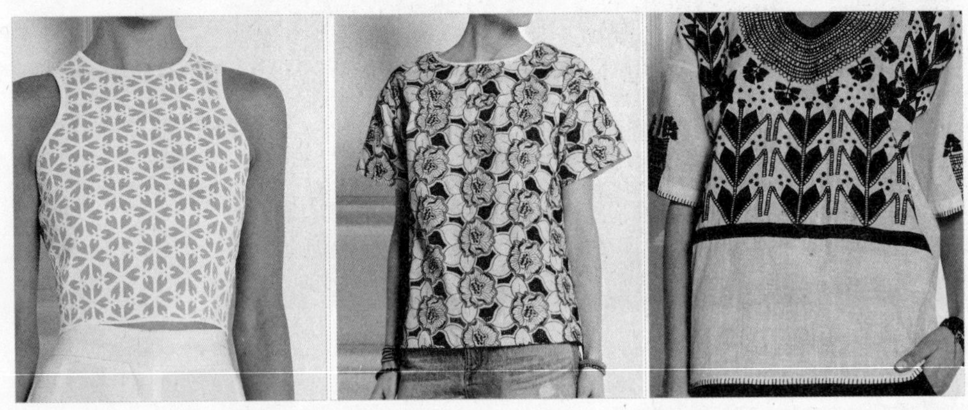

图7-9 女装中连续式纹样的典型示例

3. 群合式纹样

群合式纹样是由相同、相近或不同的许多形象无规律地组成带状或面状的图案，在服装上的运用非常灵活，可以任意延展，形式随意生动。

(三) 按图案形态分类的女装图案及特点

按形态分，图案可分为具象图案和抽象图案。具象图案是对已有的具体形象用写实和写意的表现手法进行变形和概括，具象图案让人一眼就能看出其变化原型，如花卉、动物、人物等，相对比较直观(图7-10)；抽象型图案是以平面构成原理及简单的几何形为基础，在服装上传达了

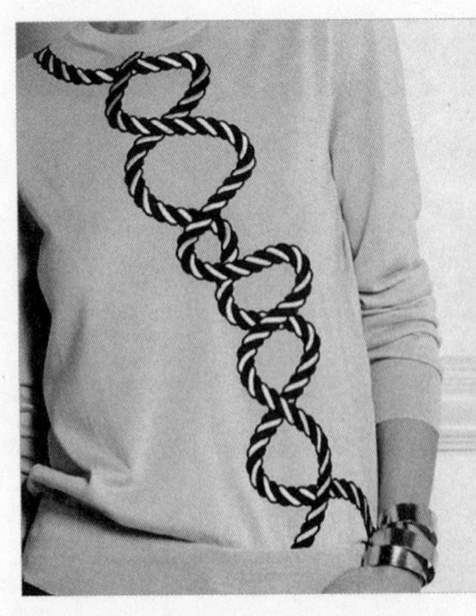

图7-10 女装中具象纹样的典型示例

一种抽象理念和美学形式,相对具象图案而言,它更注重感觉的东西,只可意会不可言传,但运用得当却能让人感觉到某种强烈的震撼力。

(四) 按工艺形式分类的女装图案及特点

按工艺特点,最常用的女装图案可分为印染图案、绣花图案、织花图案(图 7-11)。

图 7-11　按工艺形式分类的女装纹样典型示例

印染图案是指用染料或颜料在纺织物上印制花纹而获得的图案。其中又分为:印花(直接印花、防染印花、拔染印花、涂料印花、涂料泡沫印花、泡沫多色印花、特种涂料印花、发泡印花)、蜡染、扎染、夹染。印花图案的表现力最为丰富,成本也相对较低,是女装中最广为应用的图案形式,T 恤衫、衬衫、裙子、外套等品类基本都采用印染的方式。数码印花是印染图案发展的新趋势。

绣花图案是传统女装装饰中最多见的纹样,是用针将丝线、纱线或其他纤维按一定的图案和色彩在服装上穿刺,以线迹构成的花纹图案。传统刺绣以中国四大名绣(苏绣、湘绣、粤绣、蜀绣)最为著名,苏绣图案秀丽、绣工细致、色彩清雅、构思巧妙;湘绣色彩鲜明、构图严谨、各种针法富于表现力;粤绣用线多样、色彩明快对比强烈、纹样繁缛华丽;蜀绣色彩鲜丽、构图疏朗、浑厚圆润。此外还有苗绣、卞绣等工艺手法。而现代刺绣图案中融入了除开丝线外更多的材质与工艺,比如珠绣、饰带绣、褶绣等。绣花图案在一定程度上代表了女装的工艺程度,高级女装及造价较高的成衣往往会采用绣花的形式来展现图案的精美和华贵。

织花图案是指不同色彩的纱线,按一定的组织规律交织形成的各种纹样图案。分为编结纹样、棒针编织纹样、钩针编织纹样。传统织花图案常用于女士毛衣中,近年来,也有时尚的 T 恤衫采用了毛线织花图案为装饰,符合追求新颖时髦的年轻人口味。织花图案是女针织衫中最重要的图案表现形式。

二、女装图案的常用构成形式

(一) 点状构成

点状构成是指以局部块面的图案呈现于服饰上。女装中的点并不仅仅指的点纹样,能够形成视觉中心,大小在一定范围内的各类图案都有可能成为点纹样。点状构成的图案具有集中、活泼、醒目的特征,能够达到突出局部、吸引视线的作用(表 7-1、图 7-12)。

表 7-1　女装中点状图案构成的形式与特点

构成形式	说　明	特　点
单一构成	服装上只有一处有图案	位置越高，图案越稳定、庄重 大小越大、色彩越强烈，图案越突出
重复构成	服装采用同一种图案形象且这种形象以重复的形式出现	比单一构成的图案活泼、富有变化 因视线分散，图案的中心感、分量感和集中力相对较弱
多元构成	服装中有数个毫不相关、在一定数量范围内的图案形象	视觉集中力最弱 容易产生分裂、不和谐的感觉 更加活泼、富于变化，且容易达到新奇、刺激的效果

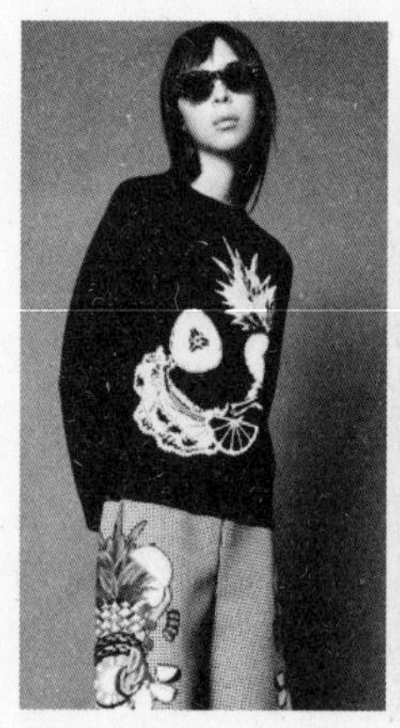

图 7-12　点状构成图案示例

（二）线状构成

线状构成是指以细长形图案呈现的纹样构成，在女装中，线状构成的图案多为二方连续或带状群合图案。线状构成的图案由于其本身具有长条形的形状特征，往往会更加具有面的感觉。相比起点状图案来说，线会有着延伸、拉长以及方向感的视觉表现，因此这一类的图案在女装中运用时往往会和服装的款式结构紧密结合，以达到美化、装饰的作用（表 7-2、图 7-13）。

表 7-2　女装中线状图案构成的形式与特点

构成形式	说　明	特　点
边缘勾勒	在领口、下摆、袖口、门襟、侧缝等有着明显边缘的部位出现	有利于加强女装款式和结构的特征 有利于增强女装精致、严谨的特征
块面分割	通过各种排列和组合对女装块面产生分割的方式	让女装产生块状分割的装饰效果 曲线形的分割能增加女装的律动感
重复排列	多个线状纹样在女装中以相对平行的形式出现	醒目而具有分量感 数量过多时容易失去线的特征

图 7-13 线状构成图案示例

(三) 面状构成

面状构成是指图案以局部或整体块面的形式呈现于服饰上。面状构成的图案扩散感和张力感比较强。女装中,面状构成的图案更适合体型较瘦的女士穿着(表 7-3、图 7-14)。

表 7-3 女装中面状图案构成的形式与特点

构成形式	说 明	特 点
均匀分布	图案均匀地分布于整个服装或某一区域	主要靠运用四方连续或单独图案放大以及均匀群合式图案来实现 装饰感强、灵活丰富
散点分布	图案的排列有大小、疏密的变化	能起到夸张、强调以及一定的视幻效果 处理不当时容易有杂乱的感觉

图 7-14 面状构成图案示例

（四）多元构成

多元构成是融合了以上所有的构成方式，将点、线、面的图案构成形式融合在一起，在运用时，可采用点加线、点加面、线加面等多种组合方式。多元构成的优势在于方式多样，能够增加纹样多变、华丽的效果，起到丰富层次的作用，但如果运用不当也容易出现杂乱、琐碎的反效果（表7-4）。

表7-4　女装中多元图案构成的形式与特点

构成形式	说　明	特　点
同类构成	服装上采用同类纹样，但同时融合多种构成方式	图案相对丰富灵活，同时不失整体感
异类构成	服装采用多种图案形象，且同时融合多种构成方式	图案内容丰富，尤其在民族风女装中多采用此类构成方式

三、影响女装图案设计的重要因素

（一）服装功能对女装图案设计的影响

任何一种服装都有其特定的功能。服饰图案应从属于这种功能，与之相适应。如冬装的功能在于御寒保暖，作为装饰的图案则应尽量给人以温暖的感觉，常见的如用裘皮作边饰、用绒布作补花等，避免做开敞、透空的装饰。夏装的功能在于遮体、纳凉，图案则应尽量在视觉及心理联想上起到这样的作用，多选择清新明快的色彩，尽量在"透""露"上做文章，可采用抽丝、镂空等装饰手段。

就其属性而言，服装可分"展示"与"实用"两大类。展示类服装偏重艺术表现，其功能在于展示设计者的匠心和创意，在于展示服饰的审美观赏性，因而图案装饰以达到最佳艺术效果为目的，至于其他因素诸如是否经济、是否实用、甚至穿着是否舒适方便等都可降为次要。实用类服装的功能主要在于满足人们日常的穿着需要，所以其图案装饰一方面要迎合大众的审美趣味，另一方面还应考虑实用、舒适及成本价格等一系列相关问题。比如一些制作繁复、材料昂贵的图案装饰就不太适合。

（二）服装风格对女装图案设计的影响

人们对服装风格的理解、认识是多层次、多角度的。各时期、各民族、各个地区以及各阶层的不同需要，都会造就不尽相同的服装风格。具体到每一类服装、每一件服装，都有风格上的差异。不论是设计者、生产者、还是使用者，由于时代氛围的熏染、民族文化的陶冶以及个人审美情趣的影响，总会对服装的风格表露出自己的追求和倾向。就服装本身而言，或粗犷、或细腻、或优雅、或朴素的风格，往往通过造型、款式、材料、色彩、图案乃至做工综合地表现出来。所以，作为服装重要组成部分的服饰图案须与其他因素保持和谐统一的关系，以相应的风格面貌对服装的整体风格起到渲染、强调的作用。如牛仔服就是极好的例子，几经发展变迁的牛仔服虽然已由纯粹的工装演化为休闲性质的便装，有着各种款式、各种色彩、还有花样不断翻新的各种装饰等。但牛仔服无论怎样变化，都没有脱离其最基本的风格特点——质朴、粗犷、充满朝气和活力，而牛仔服上的图案装饰也每每表现出这种风貌，它无论采用什么手段（拉毛、抽丝、压印、机绣、拼接等）、什么材料（皮革、铆钉、铜牌、其他粗布等）、什么形象（人物、花卉、文字、抽象形等等），都在极力渲染、强调牛仔服的这些固有特点，而不是削弱或改变之（图7-15）。

图 7-15 Moschino 品牌以趣味方式探索 20 世纪 80 年代的街舞世界，推出活力、俏皮的 2015/2016 秋冬季系列。经典的五口袋牛仔裤外翻穿着怪异而新颖，搭配 Looney Tunes 图案和涂鸦印花以及俏皮的拼贴造型

（三）贴切款式是女装图案设计的基础

款式是整个服装形象的"基础形"，是服装与人体相结合的特定空间形式。一定的款式，在很大程度上限定了包括图案装饰在内的其他成分的发展趋势和形态格局。对服饰图案来说，千变万化的款式，犹如五花八门的有待它去适合的既定"空间图形"，而图案设计就好像做"适合图案"作业一样。服饰图案必须接受款式的限定，并以相应的形式去体现其限定性。例如，同是休闲装，有的款式宽松，有的款式修长；有的无袖，有的无领。不同的款式赋予休闲装以不同的特点，服饰图案设计自然不能将休闲装一律概念化地同样对待，它应该根据不同的款式在形式上作出相应变化，力求十分贴切地融入某一款式的形式格局，与之保持形式意味上的一致倾向。款式宽松的休闲装，随人体运动的幅度相对大些，可供装饰的面积也较大，因此，其图案布局可以疏朗宽大些，色彩可鲜艳明快些，构形也可较随意奔放。款式修长的休闲装通常更着意展现人体形态的自然风韵和起伏变化，因此，其图案装饰也相应强调与人体结构和款式特征的默契，一般多作边缘或局部装饰，即使采用满花装饰其形式格调也倾向于平和适中，尽量使图案形象与款式乃至人体的结构特点相结合，以免削弱款式基调中所显露的自然体态的优美韵味。

（四）契合结构为女装图案设定了限制

服装的结构通常适合于人体体态和运动的特点，并随服装款式的变化而变化。它作为支撑服装形象的内在框架，对图案形象和装饰部位的限制是十分严格的。服饰图案只有巧妙地契合于服装结构，才能达到理想的装饰效果。譬如以圆领汗衫前胸的装饰为例，就结构特征而言，圆领汗衫常见的有上袖和插肩袖两种形式。上袖的结构线在衣肩两边，胸部空余面积较大，因此做方形、圆形、自由形图案装饰皆可。而插肩袖的结构线则在领和袖的连接线上，胸部空余面积相对窄小，若再按前面的做方形图案装饰就显得紧张、局促，不如圆形和自由形来得自然、贴切。中国传统服装在领部、前襟及开叉处的装饰，是装饰与服装结构相契合的极好范例。

一般而论，造型结构较简单的服装，为求丰富，图案可多些、复杂些；而造型结构较复杂的服装，其结构线、省道线必然多，附加部件也多，图案装饰则可稀少些、简略些。针对后一种情况，有时可以直接利用结构线来做装饰的文章，这往往能造成一种严谨、明晰的装饰美感。另外，服装制作过程中的排料工艺、裁剪手法都会对服饰图案的设计提出种种限定，这些都是必须考虑并给予充分重视的。

（五）恰当定位引导女装图案的布局

在服装上可装饰的部位很多，单就上衣而言，就有领、袖、肩、胸、背、腰、下摆、边缘等。由于人们的视觉心理习惯，更由于穿着于人体的服装是一个特殊的装饰对象，不同部位的装饰往往会造成不尽相同的视觉效果和精神风貌，引起迥然相异的心理联想和审美评价。譬如胸部，向来都是服饰图案的重要装饰部位，能够起到引导视线、形成装饰中心、突出图案形象的作用，若装饰得当会显出端庄、稳定、明朗的视觉效果，给人以自信、坦荡、豪迈的审美感受。但倘若将同样的装饰向下移至腹部。那么原有的视觉效果则会发生戏剧性的转变，以至产生幽默化或丑化的感觉。因为就一般审美习惯而言，胸部宽阔突出是美的，而腹部肥大隆起是不美的。再如，常能见到在前后下摆处装饰哥特式建筑图案的服装。这是一种别具匠心的设计，图案形象和装饰部位的选择配合得颇为得体。它不仅增强了下摆的丰富感和上部的空灵感，且使整个服饰具有一种不失生机的沉稳之态。然而，如果将这种图案上移到胸部或背部上方，不但原来的装饰效果荡然无存，而且那建筑尖顶就直抵穿着者下巴或后脑的装饰效果，难免让人产生不安的联想，很不舒服。所以成功的服饰图案，其装饰位置的选择至关重要，它不仅要考虑图案与服装的关系，更要考虑图案与人的关系。

第三节　女装图案设计原则与方法

一、女装图案设计基本原则

（一）以服从服装的统一性为前提

服装图案应用的意义在于增强服装的艺术魅力和精神内涵，同时，图案始终是服装的一部分，无论从材料、制作工艺、实用功能、适用环境、穿着对象还是款式风格等方面来看，必需从属于整体服装，不能跟整体服装相冲突。只有统一协调的设计，才可能增强整体服装的艺术感染力。

（二）以遵循形式美法则为依据

形式美是服装图案最基本的审美体现，相比起男装来说，女装设计更注重对形式的变化与表现，因此在进行女装图案设计的时候，合乎形式美规则是基本要求和造型依据。女装图案的形式美法则主要包括：对称与平衡、对比与调和、节奏与韵律、条理与反复、比例与权衡、动感与静感等。

（三）注重服装的舒适性和功能性

在进行图案的设计时，不能单一地考虑纹样的美感，还要想到图案大小、部位等要素对服装舒适性和功能性的影响。如果能够在满足装饰性功能的前提下，又能起到防摩擦、提高舒适感等功能性作用的图案设计就更加完美了。例如，女外套的设计中常常会在肘部的位置设计两个对称的纹样，这不仅仅丰富了服装的层次，还防止了因肘部的运动所带来的摩擦，有着一定的功能性作用。

二、女装图案设计基本方法

（一）对称式设计

人体的结构是对称的，根据人体的结构设计的服装很大一部分也是对称的，在服装的中轴线上，以中心线为依据，作左右的对称配置。对称结构的特点，是"同形等量"，即在中轴线的两面所配置的图案完全相同。不但形状相同，大小，分量也相等。并由此变化组合出更多的和更为复杂的样式。

在服装的边缘襟边、领部、袖口、口袋边、裤脚口、裤侧缝、肩部、臂侧部、体侧部、下摆等部位进行的装饰，一般采用对称的形式。可增强服装的轮廓感、线条感，具有雅致、端庄、秀丽的特点。在衣服或裙子的下摆及裤脚口的对称装饰图案，具有稳健、安定的特点。在臂侧部、体侧部、裤侧缝的装饰图案往往起着分界前后、遮盖或强调拼缝的作用，同时体现出修长、细致的特点（图7-16）。

图7-16 对称式图案多用于全身的纹样设计中，能增加产品的秩序感和装饰感

（二）平衡式设计

平衡是对称结构在形式上的发展，即对称的结构作平衡的动态或形态变化。表面看来，平衡的构成是不规则的，在处理上也较灵活生动，但是，它同对称却有着内在的联系。人体的结构是对称的，可是人的一举一动，每个动态都打破对称的形式，而处于平衡的状态。在服装上，以假定的中轴线作为中心，或左右两边，或上下两边，对称是"同形等量"，而平衡则是"异形等量"。也就是说，平衡结构的不规则状态，必须在分量上保持均等，在不失去重心的原则下，掌握"力"的均势。这种形式一般用在不对称的服装上，或用在对称的服装上形成一种不对称感，为达到视觉上的平衡感（图7-17）。

图7-17　平衡式图案往往借助色彩、位置、图案大小、密集度等要素来调节非对称图案带来的失衡感

(三) 适合形式

适合就是以一个或几个完整的图案形象,恰到好处地安排在一个完整的服装廓型内。这个轮廓可以是一片领子,一个口袋,一个前衣片,一只袖子等。图案与服装结合重点在于对服装风格的整体把握,需要考虑图案如何与之舒展适合,如何烘托或创造出服饰自身的特色(图7-18)。

图7-18　棒球衫上的纹样往往将各种数字、几何形等元素结合在一起组成类似圆圈或徽标式的适合纹样

(四) 强调形式

主要指服装的胸部、腰部、腹部、背部、臂部、腿部、膝盖、肘部等。这些部位的装饰图案比较容易强调服装和穿着者的个性特点,具有醒目、集中的意味。

在服装上胸部、背部是应用图案最频繁的部位,其视觉中心的地位仅次于人的脸部,具有强烈的直观性和彰显性，因而格外突出，易形成鲜明的个性特点，给人以深刻印象。

腹部装饰难度较大，但若图案运用得当则会别具特色。一般情况下，腹部图案总是与腰部、胸部图案连在一起，或与领部、肩部作呼应处理。

腰部图案最具“界定”的功能，其位置高低决定了着装者上下身在视觉上的长短比例。而且图案的造型和走势也很重要，横向图案有明显的隔断感，斜向图案有特殊的扭动感，纵向和臂部、手部、腿部、膝部的装饰能体现出力量的美感和坚毅的风格。另外，由于四肢的各种动作，使得这些部位的装饰因前后、叠压、不同方向等变化而呈现出种种灵活多变的空间效果。这是其他装饰部位所不具备的特点（图 7-19）。

图 7-19　调整图案布局的位置、工艺方式、图案的指向性等要素的设计能起到突出、强调的作用

本章小结

本章分别从三个方面对女装图案涉及的相关内容进行介绍：服装图案的重要性和发展趋势，女装图案的常用分类与特点，女装图案的构成与设计方法。图案的设计不仅需要遵循形式美的原理，还需要和设计风格、新工艺和装饰技术结合起来。

思考与练习

1. 女装图案有哪些分类以及工艺处理方式？
2. 不同类别的女装品类最常用的图案类型是什么？
3. 分别从适合纹样、连续纹样、自由纹样的角度出发进行女装图案设计。

第八章 女装细部设计

女装的细部设计是深化服装风格，展现服装款式特征的重要环节。初学者需对组成女装细部的典型要素有全面的了解，掌握零部件、结构线以及装饰部件的主要分类及特征，并熟悉一定的细部搭配规范。细部设计是组成女装款式的基础。

第一节　女装零部件细部设计

一、女装零部件概述与典型分类

女装零部件指的是构成女装所需的一切衣片，基本的女装样式往往包括衣身、衣领、衣袖、腰头、下摆几个部件，当然某些马甲类型的女装可以只有衣身和下摆。

对于衣身的基本样式，由于和服装版型的关系更加紧密，可以放到女装结构中重点阐述。因此，在本章中主要对构成女装的衣领、衣袖、衣袋、门襟、腰部、下摆进行说明。

二、女装各零部件的基本样式与特点

（一）女装衣领的基本样式与特点

在构成女装的所有部件中，衣领作为位于视觉中心最上端的部件，有着重要的地位。衣领的结构与样式不仅仅对女装风格、时尚度有影响，还能对着装者的脸型起到衬托与修饰的作用。典型的女装领型包括有无领、装领与连身领。

1. 无领的样式与特点

无领也称为领口领，这是一种衣身上没有加装领子的类型，其领口的线型就是领型。无领是所有领型中最简单、最基本的类型，一般用于夏季女装、内衣、晚礼服以及休闲T恤、毛衫等品类中，秋冬季的部分大衣和羽绒背心也会采用无领的设计。

无领的造型变化与领围线最为密切。女装设计中往往最简单的设计最讲究结构性，无领设计在领口与人体肩颈部的贴合度上的要求就很高，领线太低或太松会使得着装者在低头弯腰时容易暴露前胸；领线太高或太紧又会让人感觉穿着不舒服。因此无领设计一定要注意其高低与松紧的尺寸问题。女装中典型的无领样式包括有圆领、方领、V领、船领、一字领等几种领型（图8-1、表8-1）。

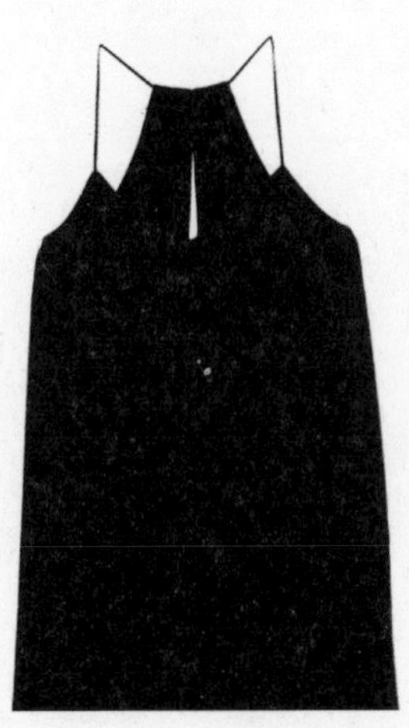

图8-1　无领女装典型图示

表 8-1 无领的基本领型与特点

领型	领 型 特 点
圆领	圆领是基本顺着服装领窝线进行裁剪或变形而成的，与人体颈部自然贴合的一种领形。其造型特点是线形圆顺，自然简洁，优雅大方，而且穿脱方便，适用范围很广，女套装、休闲装、连衣裙、内衣中均可使用。圆领对结构设计有较高的要求，若设计不当，就会出现余量、起吊、不服贴等结构问题
方领	方形领也叫盆底领，其造型特点是领围线比较平直，整体外观基本呈方形，当然也可适当地与弧线相结合，在领角处有棱角，棱角有圆形、垂直形、锐角形或钝角形等。领口的大小、长短可随意调节，大领口具有大方高贵之感，小领口则相对严谨。方领适合长脸形而不适合宽胖脸形
V 领	顾名思义 V 形领的外观形状呈 V 字母形，V 形领的适应范围很广，从休闲装到正装都可以使用。V 形领分为开领式和封闭式两种。V 形领底部呈尖锐的锐角，所以给人以严谨、庄重、冷漠的感觉
船形领	船形领因其形状像小船而得名，我们可以想象船形领在肩颈点处高翘，前胸处较为平顺且中心点相对较高。船形领在视觉上感觉横向宽大，雅致洒脱，多用于针织衫、休闲装等。船形领的变化范围也很大
一字领	一字领与船形领有点相似，如把船形领的前领线提高，横开领加大，就变成了一字领，其外形像中文的一字。一字领的前中处通常高过颈前中点，这种领形给人以高雅含蓄之感，当然也有露肩一字形领，前胸开得更大，显得妩媚柔和。一字领通常在夏季女上衣、女裙、针织衫和大衣中运用
其他无领	从以上基本的无领造型还可以派生出更多的领形，如 U 形、汤匙形、钻石形等，女装中通过增加松量和装饰还能产生优雅的荡领

2. 装领的样式与特点

装领是指与衣身分开单独装上去的衣领。装领一般采用与衣身相同的材料，有时为了设计需要也会换用别的面料、图案或色彩，或者通过某种工艺手法进行处理。装领一般与衣身缝合在一起。女运动装中也有不少装领是活动的，可采用按钮、纽扣等进行组装，如风雪衣或羽绒服上的连帽领，通常都是可以脱卸的。

装领主要可分为立领、翻领、驳领三种（表 8-2）。

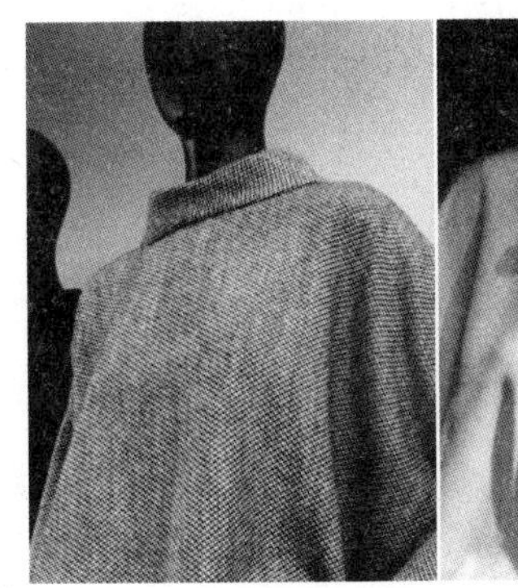

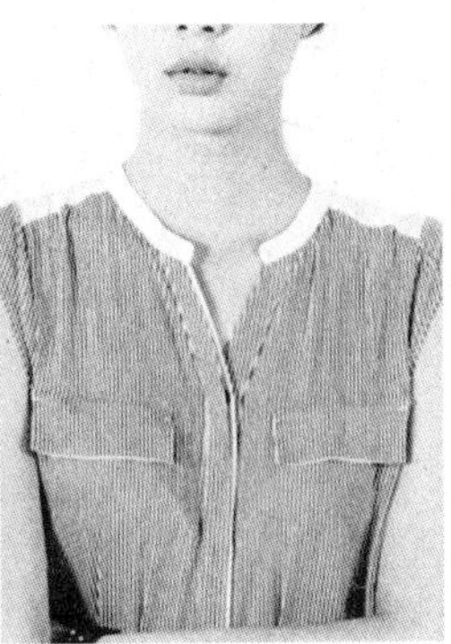

图 8-2 立领女装典型图示

表 8-2 装领的基本领型与特点

领型	领 型 特 点
立领	立领是领面立在领圈上的一种领型，尼赫鲁领和中式领都是典型的立领类别。立领一般分为直立式和倾斜式，而倾斜式又可以细分为内倾式和外倾式两种。内倾式是典型的东方风格立领，中式立领大都属于内倾式，这种立领与脖子之间的空间较小，显得比较含蓄内敛；而在欧洲国家则倾向于外倾式，领形挺拔夸张，豪华优美，装饰性极强 为了便于穿脱，立领都要有开口，开口以中开居多，但也有侧开和后开，通常侧开和后开从正面看更优雅、整体感更强。立领的外边缘形状也很多样化，如圆形、直形、皱褶形、层叠形等，高度不一，下巴以下的、齐及耳根的或高过头顶的都有。根据服装风格设计师可自行调节变化，还可与面料结合创新出一些新造型（图 8-2）
翻领	翻领是领面外翻的一种领型，除非有设计要求，翻领的领面一般都从外边看不到横向的接缝，后中心视具体情况或设计要求可以有纵向接缝。翻领有加领座和不加领座两种形式，男式衬衣领子都属于加了领座的翻领，女士衬衣则可自由选择两种形式，加不加领座根据个人喜好或服装风格而定。翻领的外形线变化范围非常广泛自由，领角可方可圆、可长可短，领宽可以宽到翻至腰节线，形成夸张的披肩领，也可只保留细细的一条翻折边。翻领可以与帽子相连，形成连帽领，兼具两者之功能，还可以加花边、镂空、刺绣等（图 8-3）
驳领	严格地讲，驳领也是翻领的一种，但是驳领多了一个与衣片连在一起的驳头，同通常意义上的翻领相比较又很不一样，而且驳领是西装中最重要的领形，所以在女装设计中经常把它单独列出作为一种领形。驳领的形状由领座、翻折线和驳头三部分决定。驳头是指衣片上向外翻折出的部分，驳头长短、宽窄、方向都可以变化，例如，串口线向上为枪驳领，向下则是平驳领，变宽比较休闲，变窄则比较职业化。此外，驳头与驳领接口的位置、驳领止口线的位置等对领形都会有很大的影响，不同风格的服装对此有不同的要求，小驳领优雅秀气，大驳领粗犷大气。驳领要求翻领在身体正面的部分与驳头要非常平整地相接，而且翻折线处还要平服地贴于颈部，所以结构工艺比较复杂（图 8-4）

图 8-3 翻领女装典型图示

图 8-4 驳领女装典型图示

3. 连身领的样式与特点

连身领是指与衣身连在一起的领子,连身领相对比较简洁、含蓄。从外表看像装领设计,但却没有装领设计中领子与衣身的连接线,它是把衣片加长至领部,然后通过收省、捏褶等工艺手法得到与领部结构相符合的领形。这种领形含蓄典雅,适用于多种女装,也是近几年较为流行的一种领形。

连身领的变化范围较小,因为其工艺结构有一定的局限性,造型时为了使之符合脖子结构,就需要加省或褶裥,而且还要考虑面料的造型性能,太软的面料挺不起来,需要一定的工艺手段支持,但是考虑到与脖子接触,面料也不宜太硬。

上面几种都是概念性较强的对领型的分类。在实际设计中,领型会有多种变化设计,两种或几种领型可以组合设计形成独特的新的领型。例如,翻领与立领可组合成为立翻领、军装领,平贴领也可与立领组合成各种装饰领,驳领还可与立领组合而成立驳领,驳领还可以变化成青果领、马面领等。因此设计者要灵活运用各种领型,根据设计需要进行变化设计,切不可太概念化。

(二) 女装衣袖的基本样式与特点

人的上肢是人体上活动最频繁、活动幅度最大的部分,它通过肩、肘、腕等部位进行活动,从而带动上身各部位的动作发生改变,而衣袖的设计也正是围绕这三个部位进行的装饰性和功能性统一的设计。

衣袖在服装中的特殊位置决定了其设计必须与人的活动密切相关,这其中袖窿和肘部的设计尤为重要。设计不合理,就会妨碍人体运动。例如袖山高不够,将胳膊垂下时就会在上臂处出现太多皱褶或在肩头拉紧;袖山太高,胳膊就难以抬起或者抬起时肩部余量太大,所以要求肩袖设计的适体性要好。同时,衣袖是服装上较大的部件,袖身形状一定要与服装整体相协调,如非常蓬松的外形加上紧身袖或筒形袖,可能其审美效果就不好。

进行女装衣袖设计时,需要从肩线、袖山、袖身、袖口四个方面来考虑。

1. 与肩线有关的衣袖样式与特点

肩是受限制较多的部位,其变化的幅度远不如其他部位那么大,但在设计上还是饶有趣味的。服装史上出现过各种各样的肩部样式,设计师皮尔·卡丹就最擅长肩部的处理。他还曾从中国古代建筑的飞檐翘角中得到灵感，设计了颇有特色的檐肩。

按照肩线的高低，可分为自然肩袖、耸肩袖、落肩袖三类；按照肩部的宽窄又可以分为窄肩袖和宽肩袖（表8-3）。

表8-3　与肩线有关的衣袖样式与特点

样式与特点	图例
自然肩袖	
衣肩的倾斜与人体的肩斜基本吻合；袖窿与人体肩点基本吻合；绝大多数女装的袖型	
耸肩袖	
衣肩呈水平状或肩部向上翘起；可通过加内衬垫肩或加大袖山的体积来达到造型；女衬衫、女西装和女大衣中运用此造型，能带来犀利、干练、前卫的感觉	
落肩袖	
肩点低于人体正常肩点；宽松、随意；女外套中常采用此类袖型	 
宽肩袖	
人为夸大肩部尺寸；通常通过垫肩的形式塑造此形态；展现了男子气的女性美，是肩部造型的一大突破；20世纪80年代的女权文化使得女服中宽肩造型广泛流行	 

2. 与袖山有关的衣袖样式与特点

与袖山有关的衣袖样式是从衣身与袖子的结构关系上出发进行的设计。袖山是衣袖造型的主要部位，按照宽松程度可分为紧身、贴体、宽松三类；按照袖山与装袖的结构可分为装袖、连身袖和插肩袖三类（表8-4）。

表8-4 与袖山有关的衣袖样式与特点

<table>
<tr><td>装　袖</td><td colspan="2" rowspan="2"></td></tr>
<tr><td rowspan="2">衣身与袖片分别裁剪，然后按照袖窿与袖山的对应点缝合；是应用最广泛的袖型；自然造型，美观合体；工艺要求高，缝合时接缝一定要平顺，尤其在肩端点处不能有角度出现。一般装袖的袖窿弧线要大于衣身的袖窿弧线</td></tr>
<tr><td>一片袖是女装中最常见的袖形；有较大的运动机能，主要适用于女衬衣、夹克等品类</td><td>两片袖是女西装与大衣中最常用的袖形；将前后袖片进行分割，将袖肥与前后袖口差量在后袖缝去除，使得袖肘弯曲，符合人体自然状态</td></tr>
<tr><td>连 身 袖</td><td colspan="2" rowspan="2">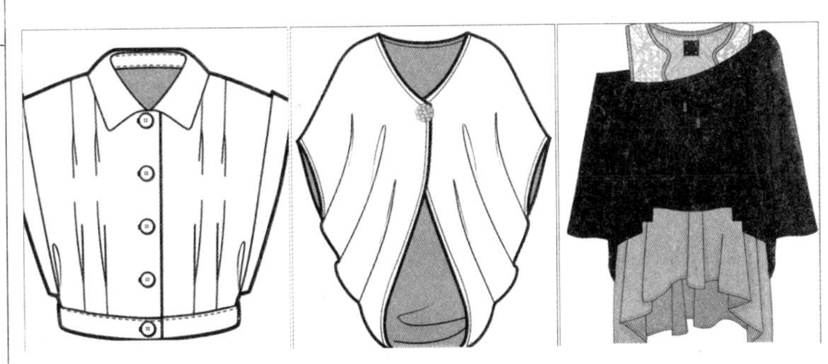</td></tr>
<tr><td>是从衣身上直接延伸下来的没有经过单独裁剪的袖形。我国古代女装、和服都是典型的连身袖；宽松舒适、随意洒脱、易于活动，工艺简单；多用于老年服装、中式服装、练功服、家居服、睡衣等。肩部平整圆顺，但腋下往往有太多的余量、衣褶堆砌</td></tr>
<tr><td>插 肩 袖</td><td colspan="2" rowspan="2">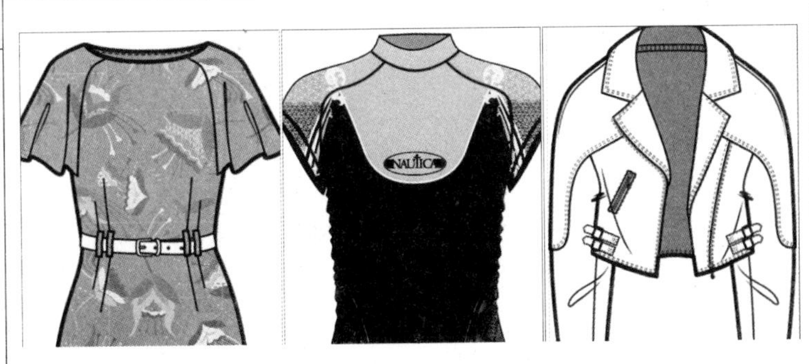
</td></tr>
<tr><td>袖山延伸到领围线或肩线的袖形；一般把延长至领围线的叫做全插肩袖，把延长至肩线的叫做半插肩袖；袖形流畅修长、宽松舒展。插肩袖与衣身的拼接线多样，如直线形、S线形、折线形以及波浪线形等，多用于女运动装</td></tr>
</table>

3. 与袖身有关的衣袖样式与特点

袖身形状是最直观展现袖子外观的元素，根据袖身的不同，可以分为直筒袖、喇叭袖、膨体袖（表8-5）。

表8-5　与袖身有关的衣袖样式与特点

直筒袖	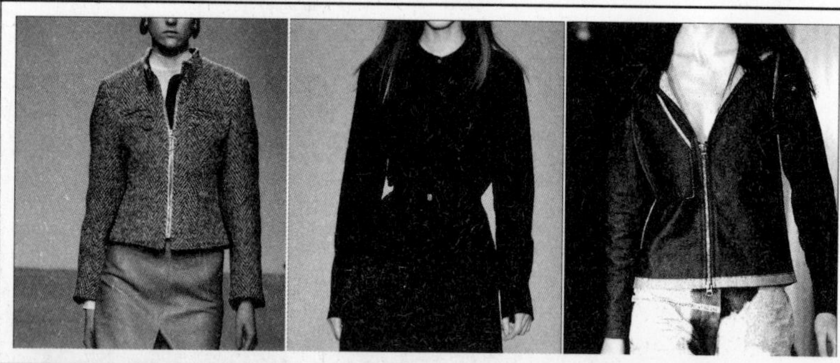
袖身形状与人的手臂形状自然贴合。肥瘦适中，迎合手臂自然前倾的状态，既要便于手臂的活动，又不显得繁琐拖沓	
喇叭袖	
喇叭袖的形状为喇叭状，从肩部到袖口越来越宽；喇叭袖的变化丰富，有的从肘部逐渐变宽，有的从手腕上部逐渐变宽，同时还可结合抽褶、拼接等工艺形成塔状	
膨体袖	
袖身膨大宽松、比较夸张；由于袖身与人体之间的空间较大，其特点是舒适自然、便于活动。膨体袖可分别在袖山、袖中及袖口等不同部位膨起，如灯笼袖、泡泡袖、羊腿袖等	

4. 与袖口有关的衣袖样式与特点

袖口设计是袖子设计中不容忽视的部分。袖口虽小，但是手的活动最为频繁，举手之间，袖子都会牵动人的视线，因此袖口的大小形状等对袖子甚至服装整体造型都有着至关重要的作用。女装袖口的设计除了需要注重外观外，还非常强调功能性的设计：例如工装的袖口设计既要方便穿脱，又要使之不能太松散而影响工作；舞蹈、瑜伽等服装的袖口则不能过于收紧，以便做各种伸展动作并保证适当的压力；大多数女外套的袖口为了增加保暖的功能，会尽量避免使用敞袖。

常见的女装袖口分类包括有开放式袖口、收紧袖口和筒袖（表8-6）。

表8-6 与袖口有关的衣袖样式与特点

开放式袖口	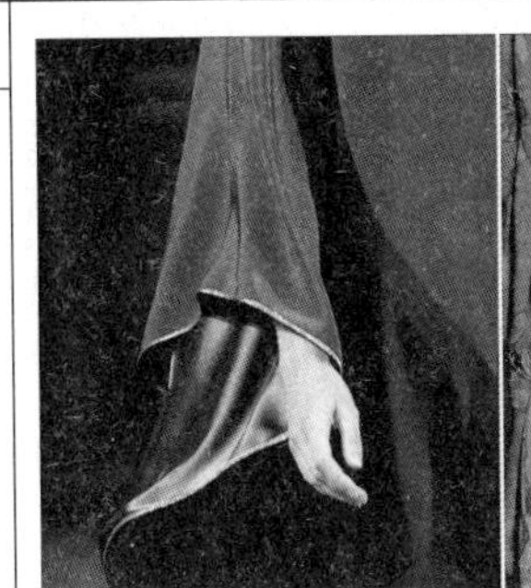 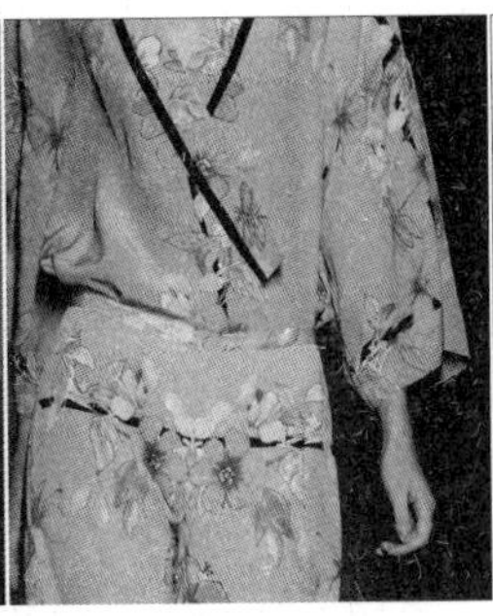 
将袖口呈松散状态自然散开。这类袖口可使手臂自由出入，具有洒脱灵活的特点。女式风衣、西装多采用这种袖口，而且很多袖口还敞开呈喇叭状	
收紧袖口	  
采用各种材料和方法将袖口向内收紧的一类样式。可通过抽绳、罗纹、松紧带、系扎、钉纽扣等方式达到。女士运动装中多为收紧的袖口	
筒袖袖口	 
也是收紧袖口的一个类别，特点在于袖克夫为卷起的筒状，多采用纽扣扣合，是女衬衫最常用的袖口式样	

以上为常见的衣袖分类形式，此外袖子还可根据长短分为长袖、七分袖、中袖、短袖以及无袖；或者从裁剪方式上分为一片袖、两片袖和三片袖等。同时，不同服装的风格、不同的流行趋

势对肩袖也有不同的要求，一般来说，衣身紧身合体的服装，使用装袖较多；衣身宽大松散，使用插肩袖和连身袖较多。而且，衣身越瘦，袖窿深度越浅，袖子越瘦，反之亦然，这样就会在视觉上感觉比较统一和谐。袖子的组合形状也很多，如郁金香袖、马蹄袖等，类似插肩的包肩袖、连领袖，介于插肩和装袖之间的露肩袖等。所以，在具体设计时设计者要根据情况灵活设计，不同的袖山与袖身、袖口或者不同长短的袖子与不同肥瘦的袖子交叉搭配，就会变化出无以计数的袖子。

（三）女装衣袋的基本样式与特点

衣袋是女装细部设计中比较小的零部件，在结构上相对比较随意。作为一个功能性部件来说，衣袋最主要的作用就是放置随身物品，这也使得在设计女户外装等品类时，多袋、超大衣袋、带盖等要素非常关键。当然除了实用功能以外，女装衣袋的设计也需要兼具装饰功能，以增加服装的装饰趣味（表8-7）。

表8-7 衣袋样式与特点

贴袋	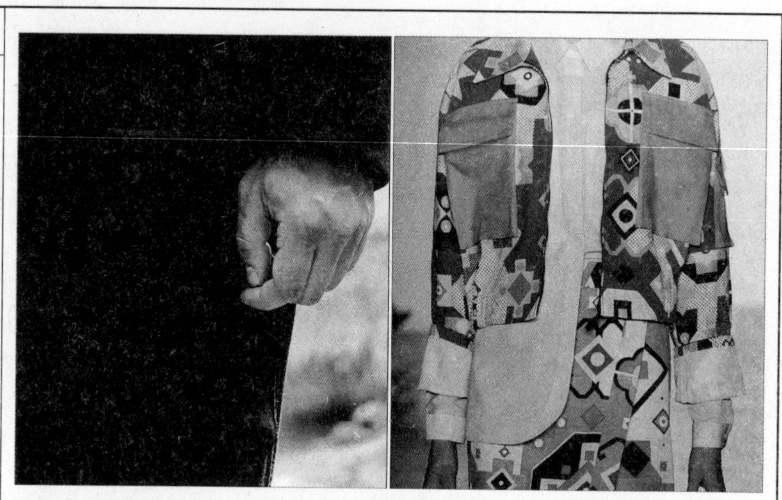
贴附于服装衣片之上、且袋形完全外露的衣袋。根据贴和方式，贴袋又可分为平贴袋和立体袋；根据带盖的存在，贴袋可分为有盖贴袋和无盖贴袋。多用于女衬衫、T恤、工装、女裤、女裙等品类中	
暗袋	
将面料挖开一定宽度的开口，从里面衬以袋布，然后在开口处缝制固定的口袋样式。从外观来看只在衣片上留有袋口线，袋口一般都有嵌条，包括单开线袋和双开线袋。暗袋也包括有盖暗袋和无盖暗袋。简洁明快、正式优雅，多用于女正装，尤其是女西装中	

续 表

<table>
<tr><td>插　　袋</td><td rowspan="2"></td></tr>
<tr><td>插袋是处于缝合线之间或裁片边缘的衣袋。按方向和形状来分，插袋包括直插袋、斜插袋、横插袋和弧线形插袋等；按暴露方式分，包括明插袋和暗插袋。插袋与暗袋的区别在于插袋口利用的是服装的接缝而不需要特意在衣片上挖出。插袋含蓄、隐蔽、高雅，多在经典女士成衣中应用</td></tr>
<tr><td>复　合　袋</td><td rowspan="2">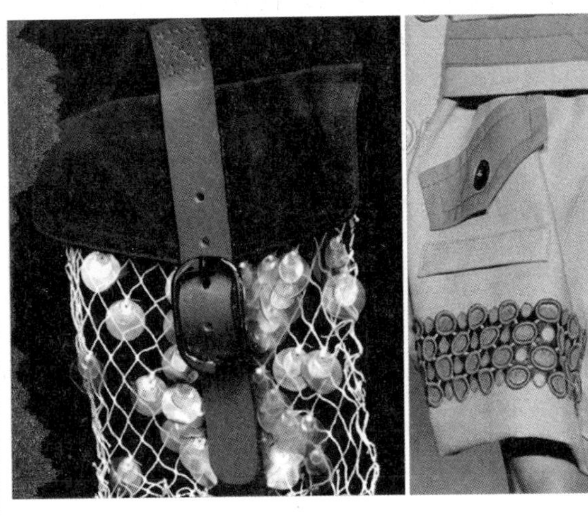</td></tr>
<tr><td>将两种或两种以上的袋型集合在一起，形成袋上有袋、袋中有袋的效果。这种衣袋功能性强，常用于女夹克、冲锋衣、大衣、工装裤等品类中</td></tr>
</table>

衣袋设计的重要尺寸依据是手的尺寸，实用型衣袋的袋口最小尺寸应当等于手宽加一定的松度（一般加宽 1 ~ 2 cm），女装衣袋的袋口大约为 14 ~ 14.5 cm 之间。多数情况下衣袋的位置也需与手臂与手的位置相协调。设计时要注意袋口、袋身和袋底的细节。

根据衣袋的结构特点，女装衣袋主要可分为贴袋、暗袋、插袋、复合袋等。

衣袋设计中的变化往往由其位置、形状、大小、材质、色彩等决定，衣袋的扣合方式也是重要的设计要素。某些女装品类往往有着特定的衣袋样式，例如正式的女西装和大衣通常采用暗袋的形式，女衬衫则采用贴袋的样式，因此在进行经典女装设计时，一定要考虑传统的设计规范。现在拼接的元素非常流行，在进行衣袋处理时，对条和对格做的是否规范也是考量女正装工艺优劣的标准。

（四）女装门襟的基本样式与特点

门襟是服装开启交合的部分，可以说是服装的“门脸”。女装常见门襟样式见表 8-8。

表 8-8　门襟样式与特点

对称门襟	 
门襟开口位于服装的前中线。大多数有门襟设计的女装采用的都是对称式门襟。越正式的场合使用的比例越高，如女西装、军装等。对称门襟中的对襟是更为对称的类型，样式没有衣片重合的现象，一般采用盘扣、牛角扣、拉链等附件连接，是女运动装与中装中常用的样式	
斜　襟	 
襟线自领下斜向腋下，我国古代服装中多为斜襟样式。现代女装中斜襟多用于旗袍、中式女装、和服式女装的设计中，有着古典、雅致的特点	
半　襟	
门襟长度不及衣长，通常从领下正中敞开，服装需套头穿入。女帽衫、卫衣等套头衫大都是半开襟或开至衣长三分之一处	

门襟的分类也非常多样。根据纽扣的结构可分为单排扣门襟与双排扣门襟；根据是否闭合分为闭合式门襟和敞开式门襟。闭合式门襟是通过拉链、纽扣、黏扣、绳袋等不同的连接设计将左右衣片连接起来，从功能的角度出发，闭合式门襟规整、实用，是使用更为广泛的样式。敞开式门襟不用任何方式闭合，如披肩式毛衣、休闲外套等多使用这类门襟，给人以洒脱飘逸、不拘小节的感觉。根据服装前片的左右两边是否对称可分为对称式门襟和偏襟式门襟；根据门襟长度还可分为半开襟和全开襟。从制作工艺的角度还可以分为普通门襟和工艺门襟。普通门襟采用最基本的制作方法将门襟缝合或熨平，工艺门襟则可通过镶边、嵌条、刺绣等方式使门襟具有非常漂亮的外观。工艺门襟的形状可以富有变化，如曲线形、锯齿形、曲直结合形等。门襟的设计一定要与服装的风格相统一。

（五）女装腰部的基本样式与特点

腰是上装与下装直接相连的部件，腰部的设计对女装廓型和女性特征的展现有着关键作用，腰部的宽窄与形状也是反映女装是否时髦的重要要素。

按高低不同，女装腰部样式可分为高腰、中腰和低腰。高腰女装的腰头在正常腰节线以上部位，最广为人知的高腰女装为帝政式女装，其腰线仅位于胸部以下，传统的韩服也是高腰的典型代表。高腰设计能拉长下身的比例，从视觉上美化人体比例，常常带给人典雅、神圣、优美等感觉，若配合蓬松的面料和短小的廓型，也能给人活泼、灵动的感觉。中腰女装为正常腰线设计，给人以稳重大方的观感。低腰女装指的腰头位于正常腰节线以下，显得现代而性感，是前卫时髦的年轻人喜爱的款式。欧洲 20 世纪 20 年代、30 年代广为流行的女装样式即为低腰女装，其腰线低至臀线部位，称为查尔斯顿造型。

女下装中根据腰头的有无还可分为无腰和绱腰设计。无腰设计是指裤片或裙身直接连裁，在腰节处通过省道或褶裥将腰部收紧合体，无腰外观更加简洁自然，线条流畅，能充分显露女性优美的腰身。绱腰设计是指在裤片或裙身上单独装腰头，腰头的形状可根据设计要求或个人爱好自由变化形状，如宽、窄、曲、直、对称或不对称等。

女装腰部设计中，灵活运用各种分割线或装饰线也是常用的设计手法。分割线可以与省道联合使用，也可以单独使用，还可以作为装饰与服装上其他部位的设计互相联系。腰头上的拉链、纽扣、松紧带、抽绳等各种辅料的装饰也能为女装带来丰富的观感。

（六）女装下摆的基本样式与特点

底摆是衣、裙、裤的底边线，或高或低直接反映出服装造型的比例、情趣和时代精神。仅视女裙下摆线演变的波状曲线带来的时尚效应，就可知底边线变化之重要。从 20 世纪开始，西方女性的裙下摆逐渐上移。60 年代末，裙底边提高到历史上的顶峰，“迷你裙”时代成为谁也不能抹煞的历史事实。到了 70 年代，裙底边又急剧下降至腓部。80 年代又渐渐升到膝部。进入 90 年代，“迷你”趋势重新抬头。裙子的长短，并不是设计师的奇想偶发，而是流行选择的结果。衣、裙、裤的下摆是空间和动态的综合，具有明显的造型特征。衣下摆有直筒型、收口型、喇叭型、圆摆、不对称型、斜摆；裙下摆可分为宽摆、窄摆、波浪摆、张口摆、收口摆、扇形摆；裤下摆有窄直筒裤、宽直筒裤、喇叭裤、萝卜裤等。另外在这些形状基础上再加上材质、色彩、装饰、工艺等因素的变化处理，就可以变化出丰富多彩的下摆造型。

三、女装零部件设计的重点与要求

(一) 零部件需与服装整体风格相协调

女装零部件细节处理上首先应当考虑与整体服装风格相统一。各个部件不同的形状、大小、色彩、图案、工艺甚至摆放的位置都会对服装的整体风格产生影响,因此在进行这一类的设计之前,需要对女装的整体风格有明确的把握和规划。设计元素的选取和分配非常关键,设计者需要对符合这一类女装风格的要素进行筛选和重组。同一件女装中,部件选用的设计要素越多,越不易展现单纯的风格。如果协调处理得不好,还会造成风格杂乱,没有设计重点的后果。

(二) 零部件需充分考虑人体的活动性

由于服装本身需具有功能性,在进行女装零部件的设计时,还要充分考虑人体的可活动性,以最大限度地满足着装舒适度。以女运动装为例,功能性的部件设计尤为重要。传统的运动类产品往往通过插肩袖、气孔、防风片、兜帽等细节处理来增加产品的透气、防风防雨以及便于活动的功能。随着运动类型越来越多样化,运动场合和运动形式又给这一类的女装产品带来新的挑战,瑜伽服、慢跑服、骑行服、户外服等逐步成为新的热点,传统的运动细节设计有可能没法完全满足这一类产品的需求,因此在部件处理上还要更多地考虑运动压力、户外恶劣的条件等因素带来的问题,以满足运动时的着装需求。

(三) 零部件需符合一定的着装规范

从上文对零部件分类的描述来看,细部的处理可以有丰富的类型和变化,这是构成女装多样化和个性化的重要前提。但同时在进行女装设计时,还需要考虑某些场合、某些品类会有特定的设计与着装规范。这一类规范在西装、衬衫等品类中尤为明显,领型、衣袖、衣袋、纽扣等要素无论从造型、数量、大小还是位置上都有着约定俗成的规范,传统的、用于正式场合的女装在进行这一类设计时,一定要充分考虑设计规范的需求。

第二节　女装结构线细部设计

一、女装结构线概述与典型分类

从以上对典型女装零部件的阐述可以看出,服装是由不同的部件组成的,连接每个部件的外轮廓线就是女装的结构线,它反映了服装各零部件之间的组合关系。

结构线有塑形性和合体性的作用。相对于形态美观而言,更主要的作用是为了结构合理。服装结构线通常是依据人体而定的,因此根据不同面料的可塑性来选择合适的结构线处理方法,以达到合身舒适、便于行动的目的是最首要的。对于特殊廓型和结构的女装,也可以通过对结构线的处理达到夸张造型,突出比例的功效。同时,在此基础上,还要强调其装饰美感以及美化人体的效果。

女装中的结构线主要由分割线和省道线两大类别组成,以下对这两大类的结构线设计进行分类阐述。

二、女装结构线的基本样式与特点

(一) 女装省道线的基本样式与特点

省道设计是使衣料贴合人体而采用的一种塑形手法。人体是曲面的,立体的,而布料却是平面的,当把平面的布披在凹凸起伏的人体上时两者是不能完全贴合的,为使布料能够顺应人体结构,就要把多余的布料剪裁掉或者收褶缝合掉,这样制作出来的服装就会非常合体。被剪掉或缝褶的部分就是省道,其两边的结构线就是省道线。省道收得合理与否决定了服装版型的好坏。

省道,作为实现服装贴体的技术,是东西方服装的主要差别之一。由于生存环境、民族文化、习俗和材料等因素的差异,东方民族长期形成了宽衣博带的服饰风格,以达到隐藏人体曲线于平直宽松的布帛之中的目的。直至辛亥革命前,才逐渐引入西方的立体裁剪方法。欧洲民族强调感观刺激,女装设计尤以表现人体、夸张人体为目的,省道的运用便是实现紧身贴体的重要手段。

省道一般外宽里窄,从服装的外边缘线向人体上某一高点收成三角形或近似三角形,外边的叫省根,里面的叫省尖。省道缝合时一般向内折暗缝,在服装表面只留有一条平整的缝合线,使服装外形立体美观。省道可取纵的、横的、斜的、平直的以及曲线的,变幻无穷。在现代女装设计中,省道除了其最基本的合体性功能以外,许多设计师把省道设计当成施展想象的天地。例如,在省道处加嵌条,装饰线或者省道外折,毛边在外等。

女装中的省道线根据上下装的分类有一定的区别,上装省道线最主要解决的是胸腰差的问题,而下装省道线主要解决腰臀差的问题。

1. 上装省道线的样式与特点

上装的省道按正背面可分为胸省和背省。

胸省是塑造女性胸部造型的省道,以胸高点(即女性乳房最高点)为中心,向四周展开成许多放射线,每条线与裁片边缘线相接而形成不同位置的省道。胸省的处理是女装结构线设计的重要环节,对于塑造女性胸部曲线非常关键。

根据收省位置的不同,胸省可分为七种基本类型:腰省、侧缝省、腋下省、袖窿省、肩省、领省、前中缝省,他们分别是以其省根所在位置线命名的。近几年,中缝省用的也比较多,剪开或不剪开均有。

事实上,在实际设计中,胸省的具体形状很多,但都是以上述基本省道进行相应的省道转移得来的,省道转移是服装结构设计中的重要内容。同时在女装设计中,往往并不是运用某一种胸省,而是采用将两条或两条以上的胸省联合起来,以塑造出更为优美的女性曲线。在现代服装设计中,胸省的使用更为讲究,服装设计师们竭尽所能,以更合理的收省方法塑造女性胸部曲线。

背省是根据人体背部曲面所产生的省道。人体背部虽不如正面那么凹凸有致,但也有一定的曲面,女性的身体特点是腰部较细,臀部较宽,肩胛处较高。按省根位置背省也分为领口省、肩背省、腰背省、腰臀省四种。背省也可根据造型要求联合使用或是根据前片胸省的风格来确定(图 8-5)。

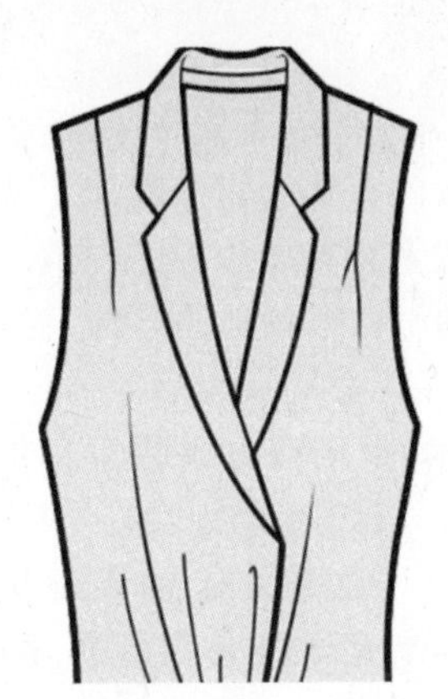

图 8-5　常见上衣省的运用

2. 下装省道线的样式与特点

与上装相比，下装省道位置相对比较固定，多集中在腰臀部和腰腹部，所以下装的省道又叫臀位省和腹位省。女性的体形特点是腰部较细，臀部较宽，因此需要在腰部、臀部、腹部作适量的省量，使得裙装或裤装在腰部合体美观。女性的臀部曲线较之男性更为明显：臀部丰满，小腹微隆。收臀位省还有一个重要的功能就是使得下装能够挂于腰部。在现代社会中，服装讲究简洁实用，许多裙装和裤装都不束腰带，这对臀位省的结构设计会有更高的要求，省量太大不便穿脱，省量太小则容易使服装在腰上挂不住而下坠。

臀位省在设计时还可以与上装联合，如把上装的腰省延长与臀位省相接，就成了腰臀省，如连衣裙与长大衣在腰节线附近收的省我们通常也叫腰省，其实就是典型的腰臀省（图 8-6）。

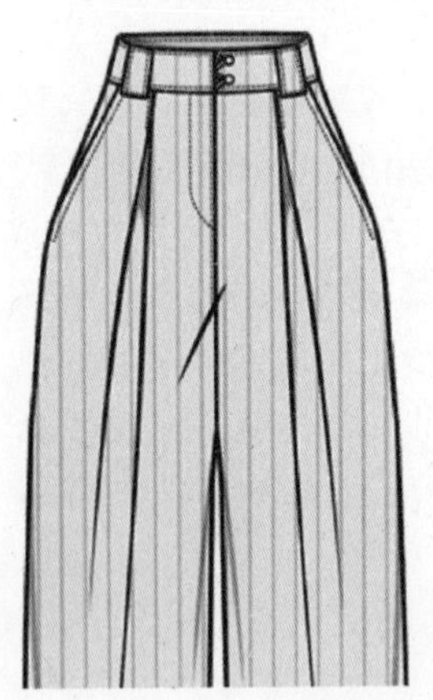

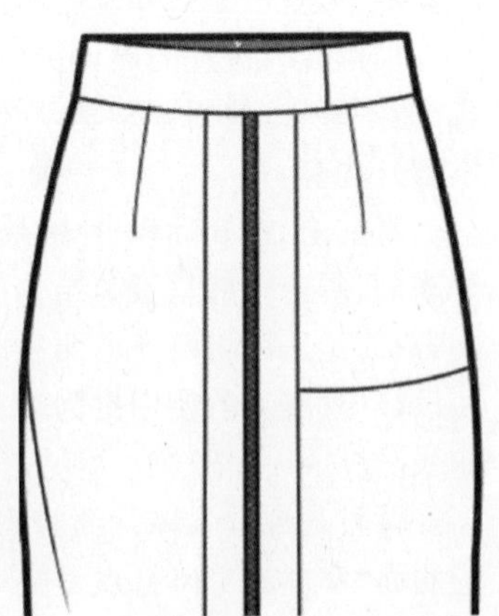

图 8-6　常见下装省道的运用

（二）女装分割线的基本样式与特点

分割线又叫开刀线，分割线的重要功能是从造型需要出发将服装分割成几部分，然后再缝合成衣，以求适体美观。线在服装造型中有重要的价值，它既能构成多种形态，又能起装饰和分割造型的作用；既能随着人体的线条进行塑造，也可改变人体的一般形态而塑造出新的、带有强烈个性的形态。因此由裁片缝合时所产生的分割线条，既具有造型特点，也具有功能特点，它对服装造型与合体性起着主导作用。

分割线通常被分为两大类：装饰分割线和结构分割线。

1. 装饰分割线的样式与特点

女装中装饰性的分割线是指为了服装造型的视觉需要而使用的分割线，一般没有直接塑造形体的作用，仅仅是附加在服装上进行装饰。装饰分割线所处的部位、形态和数量的改变都会引起服装视觉效果的改变。

装饰分割线根据线形的变化可以有直线型和曲线型。根据方向的变化又可以分为横向分割、垂直向分割和斜向分割。在不考虑其他造型因素的情况下，服装中线构成的美感是通过线条的横竖曲斜与起伏转折以及富有节奏的粗犷纤柔来表现的。女士服装大多采用曲线型分割线，外形轮廓线也以曲线居多，显示出活泼、秀丽、柔美的韵味。

单一分割线在服装的部位中所起的装饰作用是有限的，为了塑造较完美的造型以及迎合某些特殊造型的需要，增添分割线是必要的。如后衣身的纵向分割线，两条就能比一条更加使腰身合体，形态自然。但分割线数量的增加易引起分割线的配置失去平衡，也会使衣料渐失原有的如悬垂感等特性，因此，数量的增加必须保持分割线整体的平衡感和规律感，特别是对于水平分割线，其分割非常讲究比例美（图8-7）。

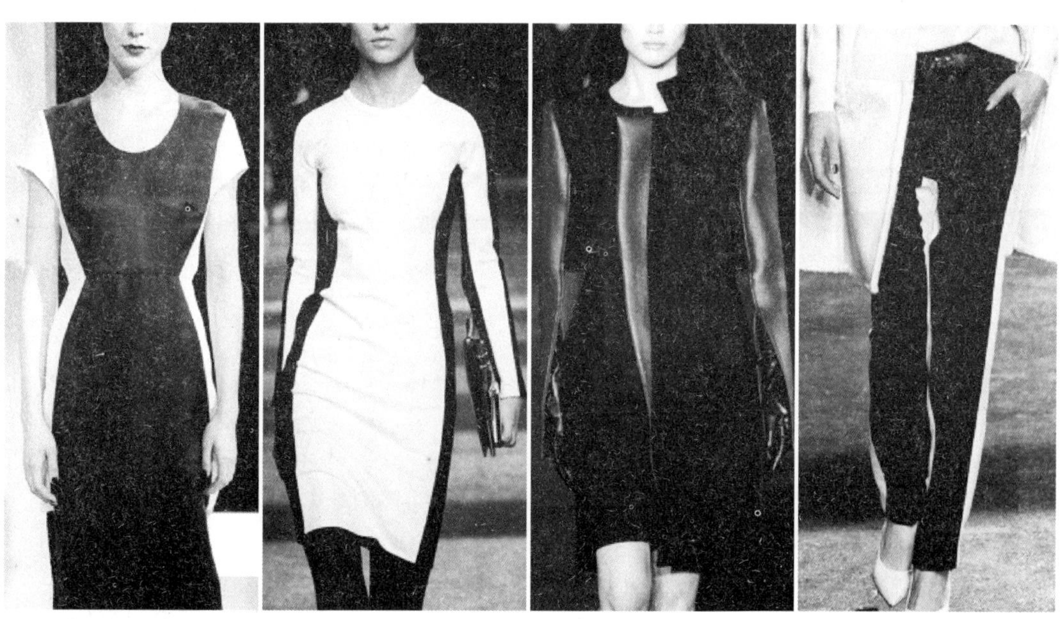

图8-7 装饰分割线的运用

2. 结构分割线的样式与特点

结构分割线是指具有塑造人体体形以及加工方便特征的分割线。结构分割线的设计不仅要设计出款式新颖的服装造型，而且要具有更多的实用功能性，如突出胸部、收紧腰部、扩大臀部等，使服装能够充分塑造人体曲线之美。并且尽量做到在保持造型美感的前提下，最大限度地减少成衣加工过程的复杂程度。

把分割线和省道线的装饰和结构功能结合，最大限度地显示出人体轮廓的重要曲面形态，是结构分割线的主要特征之一。例如，背缝线和公主线可以充分显示人体侧面体形，肩缝线和侧缝线则可以充分显示人体的正面体形。此外，结构分割线还有代替收省的作用，同时以简单的分割线形式取代复杂的塑形工艺，如公主线的设置，其分割线位于胸部曲率变化最大的部位，上与肩省相连，下与腰省相连，通过简单的分割线就把人体复杂的胸、腰、臀部的形态描绘出来。

女装中常常会将以上两种分割线型相结合，形成结构装饰综合性分割线。这是一种处理比较巧妙的、能同时符合结构和装饰需要的线型，将造型需要的结构处理隐含在对美感需求的装饰线中。相对前两种分割线而言，结构装饰分割线的设计难度要大一点，要求要高一点，因为它既要塑造美的形体，同时又要兼顾设计美感，而且还要考虑到工艺的可实现性，对工艺有较高的要求。

三、女装结构线设计的重点与要求

（一）结构线需符合造型的具体要求

同样是省道线或结构性分割线的设计，需满足的女装造型需求是不一样的。对于展现人体曲线的女装来说，结构线的处理是为了使平面的服装更好地贴和人体曲线，以凸显女性凹凸有致的身形。但对于有些特别设计的女装或局部造型来说，结构线的细节设计是为了起到加强、夸张的作用，因此在线形、位置和方向的设计上是与常规处理不同的，需要区别对待。

（二）结构线需符合形式美的规范

作为各个部件拼合形成的重要线条，结构线的细节处理还需要满足服装形式美的规范。一般来说，服装上的线条越多，越容易杂乱、不整体。女装除开本身拼合必须具备的线条外，还要有各种省道或分割线，因此在进行女装结构处理的时候，设计师往往会采用将省道与分割线或缝合线拼合到一起的方法，利用最少的线条来完成功能的塑造。

（三）结构线需考虑不同形体的差异

人的体形千变万化，所以结构线的处理要根据体形而定。为了满足各种不同的体形特征，应就其差异性选择省位、省道以及各种结构形分割线，以达到合理造型的目的。例如，胸部较平坦的人省量可稍小一点，驼背的人，背肩省的省量要大一点。这一点对于定制女装来说更为重要，结构线处理可根据客户的体形特征量身而定。对于批量生产的女装来说，一般根据消费群的特点和几种典型的体型特征而定，如少女装的省位与省形跟中年女性就不一样。在服装向个性化发展的今天，结构线的细节设计与变化会更细致、多元化。

第三节 女装装饰细部设计

一、女装装饰概述与典型分类

女装细部设计除了部件和结构线以外，还有一个非常重要的环节，那就是装饰设计。恰到好处的装饰工艺，能提升女装的艺术魅力与价值。通过各种装饰工艺的处理，可以使服装显得或秀丽、或雅致、或粗犷、或细腻、或可爱，令服装更富个性与情趣。女装中最常见的装饰手法是图案，尤其是印花图案的运用。有关图案的处理已在第七章单独介绍，因此在本章中，女装装饰细部设计更加强调的是对装饰工艺的分类和说明。

从装饰元素与服装的关系出发，装饰细部可以分为结构性装饰、部件性装饰和附加性装饰。结构性装饰指的是属于服装本身线条的装饰，通常依靠缝线本身来设计，例如牛仔装的缉线装饰，缉细褶裥、省道线装饰，滚边装饰等，以通过线条的强化来达到美化效果。部件性装饰则更强调是属于服装零部件的装饰元素，例如针对纽扣、拉链等辅料进行的装饰。附加性装饰指的是通过在服装或服装图案上附加材质以起到装饰效果的设计处理，例如刺绣、镶嵌、钉珠、拼贴、立体花等。

二、女装各装饰的基本样式与特点

（一）女装缉线装饰的基本样式与特点

缉线装饰是最简便、最常见的装饰缝纫技法之一，就是在缝制过程中利用缝线在服装的表层缉缝出各种形状的针迹线来作为装饰的一种方法。线可直可曲，可以功能为主，也可以是纯粹的装饰。线可细可粗，针迹可密可疏，线的颜色也可以采用对比色，使装饰效果更突出。对于有夹里、内层絮有丝棉、羽绒或衬绒的服饰，还可在服装上缉出各种几何图形或自由图形，这既稳定了内部的絮材的作用，又可形成凹凸有致的立体花纹。

缉线装饰整体看来较平面。同色细线缉缝的效果是含蓄、细腻，对比色粗线缉缝的效果是直率、粗犷。直线缉缝的效果是规整、秩序，曲线缉缝的效果是活泼、随意。用粗大针脚缝制的服装则给人以原始的、手工的、朴实敦厚的感觉。

此外，缉细裥装饰也属于针迹缉线的一种装饰形式，所谓细裥就是折裥很浅，一般约深0.2cm之间，并在折裥的沿边作明线缉缝一道，使其固定，不致变形散失。常用于女装的腰部与裙腰处，既解决结构问题又具有美观的装饰效果。

（二）女装刺绣装饰的基本样式与特点

刺绣俗称绣花，是在已加工好的织物上，以针引线、按照设计要求进行穿刺，通过运针将绣线组织成各种图案和色彩的一种装饰手法①。

刺绣工艺源远流长，无论西方还是东方的刺绣工艺，其历史都可以追溯到公元前。刺绣的装饰不仅仅是美观作用，还能体现穿着者的身份和社会地位。

从刺绣方式来看，女装刺绣可分为手工刺绣、缝纫机绣、计算机控制刺绣。刺绣通常是采用丝质或棉质的绣线，在绷紧的布上穿梭缝制而成。刺绣亦可以采用不同于普通绣线的材料进行刺绣，如采用丝带刺绣，则称其为丝带绣。以下是典型的刺绣样式（表8-9）。

① 陈培青．女装装饰设计［M］．北京：化学工业出版社，2011

表 8-9 典型刺绣样式与特点

传统刺绣 手工刺绣，根据绣法和风格的不同又分为多种，其中苏绣、湘绣、蜀绣、粤绣为四大名绣，四大名绣题材广博、针法丰富、色彩典雅、绣艺精湛，是旗袍和中式女装中最常用的装饰方法	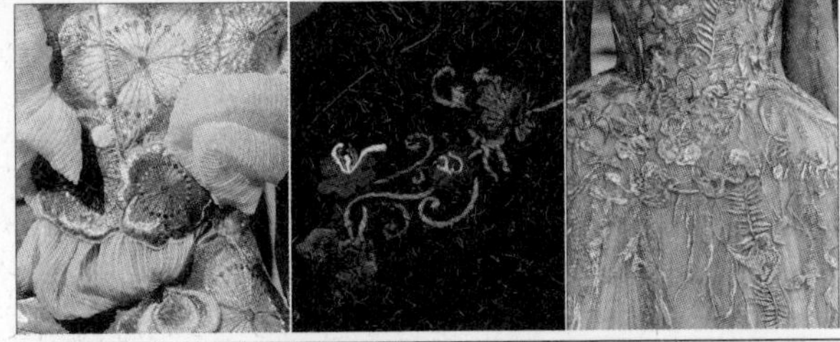
十字绣 也称十字挑花，按照布料的经纬方向，将同等大小的斜十字形线迹排列成图案。针法简单，结构严谨，适合展现浓郁的装饰风格	
丝带绣 以丝带为绣线直接在织物上进行刺绣。光泽柔美，纹样有立体感，适合展现华贵、浪漫的女装风格	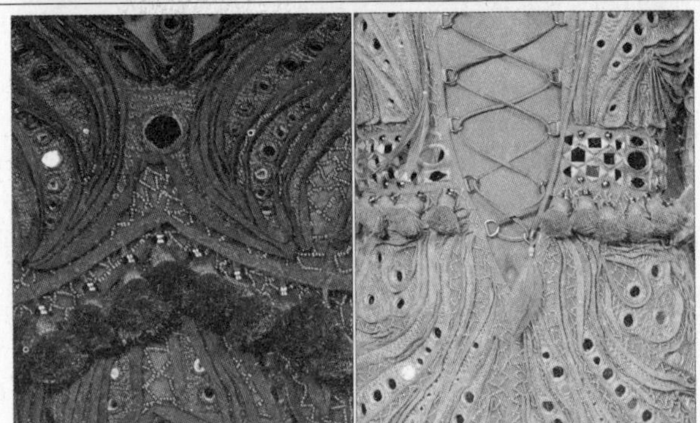
盘绣 将各种丝带、线绳按照一定图案钉绣在服装上的刺绣方法。绣法简单，有立体感，典雅大方	
贴布绣 将其他布料剪贴后缝绣在服装上的方式。通常贴布与服装间衬垫棉花等，使之更有立体感，以块面为主的刺绣图案别致大方	

（三）女装镶坠装饰的基本样式与特点

镶坠是指在现有面料的表面，以缝、贴、黏、嵌、热压、垂坠等方式添加各种材料，使服装展现丰富的变化。

镶坠的装饰根据材料的不同可以有多种分类，如贴亮片、镶嵌水晶或各类宝石、铆钉、饰以羽毛、流苏等。钉珠是女装镶坠装饰中最常见的，无论是礼服还是日常装束中都非常普遍。镶坠的装饰适合展现民族、宫廷、朋克、浪漫、摩登等多种服装风格（表8-10）。

表8-10　典型镶坠样式与特点

<table>
<tr><td>钉　珠</td><td rowspan="2"></td></tr>
<tr><td>将各种空心珠或闪光片用线缝缀在面料上的一种装饰手法。装饰效果华丽、立体感强。从质地上可分为塑胶珠、玻璃珠、陶瓷珠、珍珠、木珠等。采用不同的材质可呈现不同的效果，如木质的珠子古朴，玻璃珠晶莹剔透，闪光片亮泽奢华，古铜色哑光金属片高贵典雅</td></tr>
<tr><td>铆　钉
</td><td rowspan="2"></td></tr>
<tr><td>铆钉是在面料的表面铆上豆粒状的金属扣，颜色通常为古铜色或银色。此装饰手法适用于较洒脱硬朗或中性风格的女装中，使人感觉性感、狂野而又有重量感</td></tr>
<tr><td>羽　毛</td><td rowspan="2"></td></tr>
<tr><td>利用羽毛拼贴或垂坠在服装上进行点缀。羽毛具有轻盈飘逸、灵动的质感，能展现浪漫、飘逸、柔美、野性的女装风格。羽毛装饰较多用于晚礼服、舞台女装、创意女装中</td></tr>
<tr><td>流　苏</td><td rowspan="2">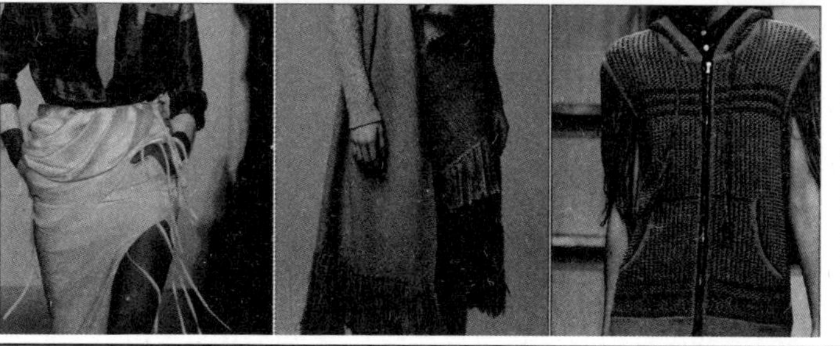</td></tr>
<tr><td>以下垂的丝线、绳带、皮条制成的穗子，多用于服装的底边装饰。具有线条的流动感，尤其在运动状态时更感觉摇曳多姿</td></tr>
</table>

(四) 女装立体装饰的基本样式与特点

女装中立体图案常常被用来装饰单调的表面,这种形式的装饰能够丰富女装的表面肌理,弥补平面图案的不足,为女装增添表现力和独特的个性。

女装中的立体装饰有两个重要的样式,立体花装饰与绗缝装饰(表8-11)。

表8-11 典型立体装饰样式与特点

立体花	
以花卉为造型基础,应用于女装表面的立体装饰。根据材料可分为布花、塑料花、金属花、皮革花等,根据装饰形态可分为半浮雕式、镂空式等	
绗缝	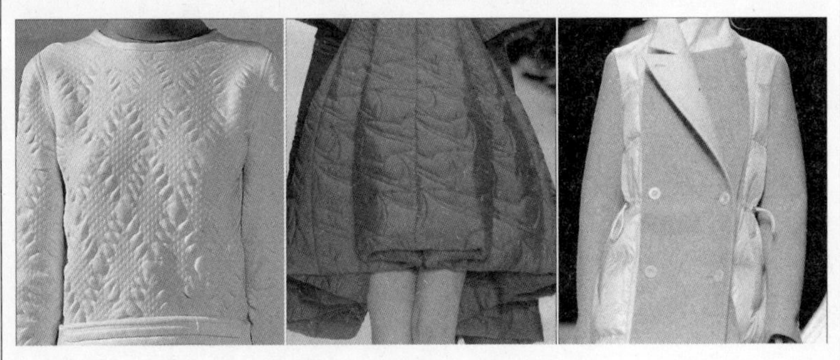
在两层布料之间加入填充物后,再按一定的图形缉线,形成浮雕效果的一种装饰方法。为丰富色彩效果,可以采用贴花绗绣。较之别的装饰工艺,绗绣的立体效果极强,又感觉温暖、舒适,富有情趣	

三、女装装饰设计的重点与要求

(一) 装饰设计需与服装款式相协调

装饰手法的运用应当与服装款式相协调。这种协调可以表现在以下两个方面:一是服饰配件的装饰与服装整体风格、类型相匹配,例如军服感的女装中常采用的即是纽扣尤其是铜纽的元素,而女运动装在连接件上多采用拉链,尤其是无缝黏合的拉链等。二是附加装饰的设计是辅助服装款式展现的手法,不宜喧宾夺主。除非设计的重点就是为了凸显装饰纹样或工艺,一般来说,在进行女装设计时,一定要把握好装饰元素运用的数量、大小、色彩等要素,过多过繁复的装饰不仅起不到美化的效果,反而会给人堆砌、繁琐、没有重点的感觉。

(二) 装饰设计需考虑一定的安全性

随着可用于服装的装饰材料越来越丰富,不难发现现在不少女装中的装饰越来越夸张。这种夸张不仅仅体现在材料运用上,还以丰富的结构和外观设计给人以冲击感。在进行日常女装,尤其是成衣设计时,需要考虑一定的着装安全性,避免使用过于尖锐、凸出的硬性材质,以免对人体造成伤害。同时装饰细部的外形处理上也应以不妨碍着装者的正常活动为宜。

(三) 装饰设计需适应着装者的需求

不同年龄、不同性别、以及不同审美修养的女性对服装装饰手法的要求是不同的。装饰材料、装饰风格、装饰手法需要与受众群的个性相协调,才能增强整体服装的美感和接受度。例如年轻女性的接受度更为广泛,摩登、都市、现代、民族、朋克等多种风格的装饰都有着广大的受众,在装饰细部处理时,可根据希望表现的风格并结合当下潮流元素进行设计;年长女性更喜欢规范、稳重的装饰,在设计处理时就需要慎选装饰材料。

本章小结

本章分别从三个方面对女装细部设计涉及的相关内容进行介绍:女装零部件的基本样式、特点与设计重点,女装结构线的基本样式、特点与设计重点,女装装饰设计的基本样式、特点与设计重点。细部设计是展现不同女装差别的关键环节,无论是零部件的变化还是结构与装饰的调整都需要结合女装的整体风格进行统一规划。

思考与练习

1. 女装细部设计需要考虑哪些要素?
2. 女装装饰设计还有哪些元素可以利用,并结合潮流设计产品进行分析。
3. 挑选某一女装品类,分别从零部件、结构线和装饰三个维度进行细部设计。

第九章 女装单品设计

女装单品指的是不同的产品品类，它是构成着装样式的基本单位。每一类女装单品都具有自身款式、结构和工艺的特征。同时随着季节的不同，其展开的样式和穿用性能也会发生改变。对女装不同单品类别的款式展开设计是女装设计的重要环节。成熟的时装设计师需要明确各个单品的设计需求，熟知与该单品相关面料、工艺、版型、后整理的信息。

女装单品类别主要包括裙子、西装、衬衣、外套、风衣、大衣、羽绒衣、棉褛、裤子、毛衣、内衣、T恤等品类。不同的单品类别首先是依据气温的变化形成的不同厚薄、不同穿衣方法的单品品类，因此，不论是春夏季和秋冬季，都有适用于当季的主打品类。此外，由于穿用的功能性不同，形成了如内衣、内裤、胸衣等类别的单品。单品类别由于穿用性、功用性不同，决定了在面料的选择、工艺细节及造型结构等设计的手段与表现方法不同。

第一节　女裙的设计

一、女裙概述与典型分类

裙子是最能展现女性特征的服装单品之一。我们常说的裙子往往指的是仅覆盖人体下半部的腰裙，这里为了阐述的方便，将连衣裙的品类也放到一起进行比较。

腰裙（Skirt）是女装的重要单品，它将布片围绕臀围，并通过收省的方式达到吻合体型的作用。而连衣裙（Dress）是指上衣和腰裙连接在一起的服装，由于穿脱方便，不必考虑上下身搭配等优点而广受欢迎。

裙子按长度可以分为超短裙、短裙、及膝裙、中长裙、长裙、拖地裙；按基本的形态可以分为直筒裙、A 型裙、圆台裙等；按合体程度可以分为紧身裙、宽松裙等。如果加入分割线、抽褶等方式后还会产生千姿百态的裙型。这里对女裙中最典型的几个基本裙型及其展开样式进行分别介绍。

二、女裙各类别的基本样式与特点

（一）直筒裙的基本样式与特点

直筒裙是贴身合体的一类裙型，它从腰部到臀部都紧贴身体，直线延长到下摆呈现直筒状。直筒裙的腰部紧窄贴身，臀部微宽，线条优美流畅，适合展现潇洒、优雅、职业等多种风格，常在休闲类和通勤类女裙中使用。

1. 直筒裙的基本结构与特征

最基本的直筒裙由三片裙片组成，前身一片，后身两片。前后左右各有两个省，后片中缝处开拉链。由于裙形包裹身体较紧，活动量小，往往通过在下摆开衩来增加活动量。直通裙一般为膝盖上下的长度，有腰头，挂夹里工艺。

为了行走和运动的方便，直筒裙往往还会选择弹力强和耐磨的面料进行制作，也可以根据季节和场合的变化选择合适的材质（图 9-1）。

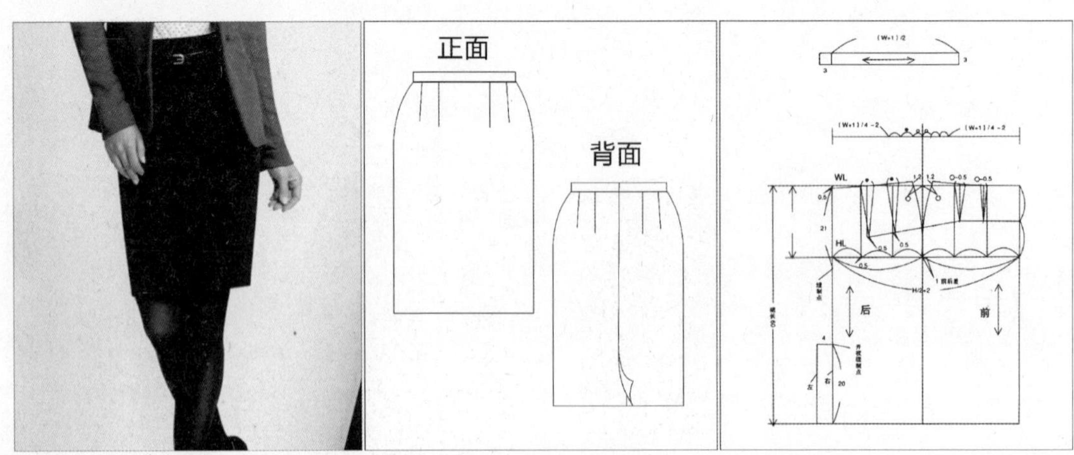

图 9-1　直筒裙的基础样式与结构制图

2. 直筒裙的展开样式示例

直筒裙在通勤类女装中运用的最多，在基础裙形上所作的各种变化也多为展现女性干练、优雅的特点。最常用的是腰头、开衩和结构线的变化设计，同时配合面料、辅料、装饰等元素的处理，营造或浪漫、或简洁、或概念的女裙产品（表9-1）。

表9-1 直筒裙展开设计示例

类别与说明	示例
开衩变化 将后中衩放到侧缝、前中或裙片上，开衩部位的改变能增加直筒裙的特色，尤其是裙片上的斜开衩是近几年常用的形式	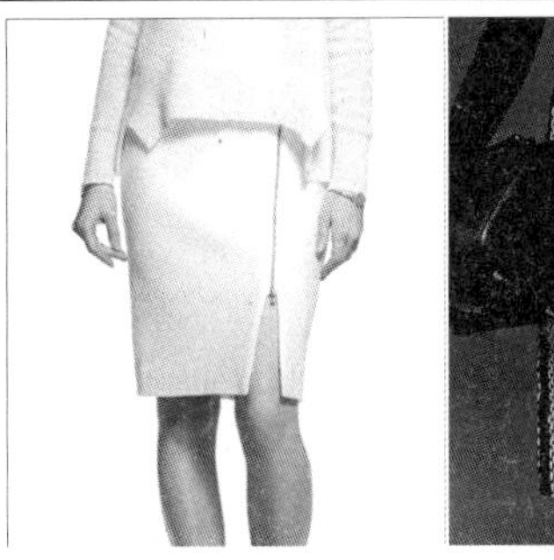 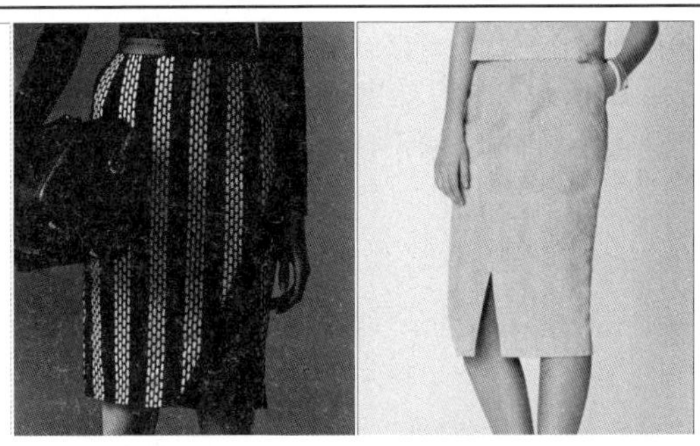
结构变化 在平面的裙片上通过放量、叠加层次等处理方式，增加直筒裙的立体感，令简洁的裙型变得富有变化的同时仍能保持干练、简练的外观	 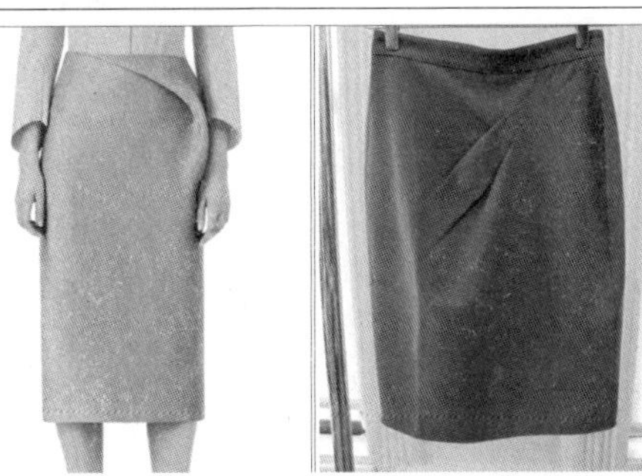
分割线变化 分割线的处理是直筒裙常用的变化方式，水平或垂直方向的分割能增加裙子的秩序感和块面感；斜向的分割能在视觉上起到一定延伸和收缩塑形的作用	 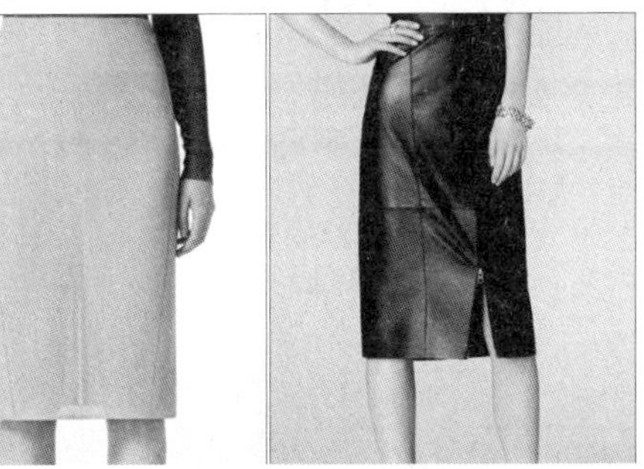
省道变化 对传统双省道进行改良，形成左右单省或无省的样式，使H型的感觉更加强烈，更适合严谨、传统的女裙制作。针织裙和运动感女裙中多为无省的样式	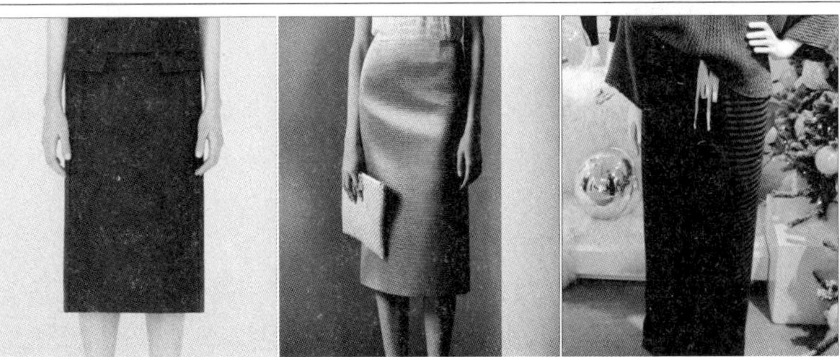

续　表

腰头变化	  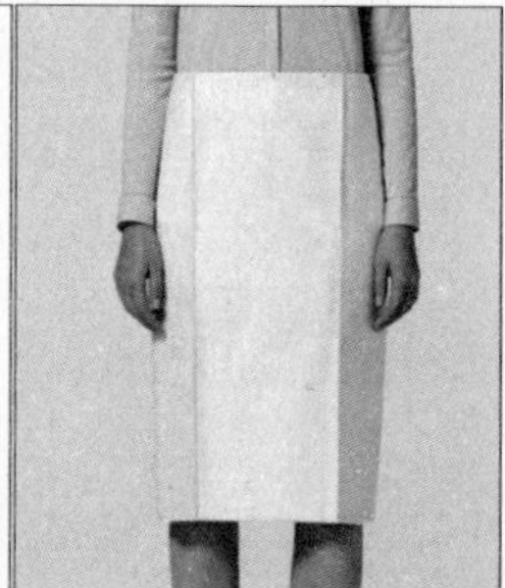
高腰、无腰的运用是近几年来裙子变化的常用手法。无腰结构显得更加时尚，高腰结构则复古、舒适。在腰头上进行镂空、添加装饰配件等能改变裙子所展现的风格	
衬里变化	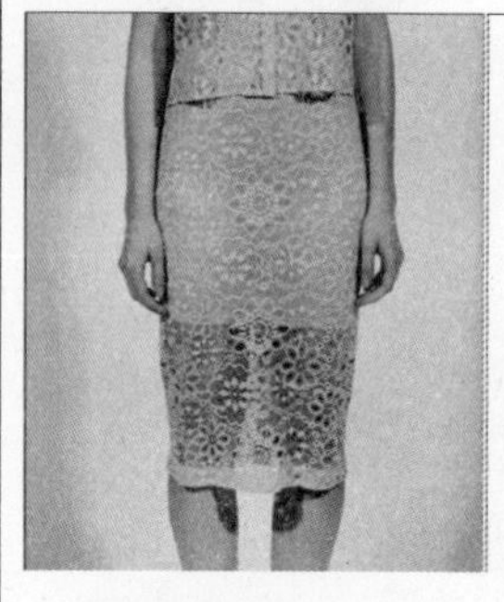  
普通直筒裙一般采用全衬的方式。配合当前透视和层叠潮流的需求，将半衬配合半透明的蕾丝或网纱面料，打造外长内短的时髦风格，展现了直筒裙性感、浪漫、女性化的一面	
装饰变化	
直筒裙上的装饰变化相对较少，可通过增添口袋、处理纹样以及设计褶皱等手段，但褶裥的形式在运用的时候一定要注意部位和方法，否则容易造成改变裙型的问题	

（二）A 字裙的基本样式与特点

A 字裙（A line-Skirt）是适体型斜裙。其特征为裙子的腰围和臀围与人体相适应，侧缝线略向外倾斜，下摆稍宽松，外形呈梯形或英文大写字母“A”形。下摆阔度便于行走，一般无需进行开衩结构设计。短款 A 字裙活泼俏丽，休闲感强；长款 A 字裙飘逸浪漫，适合展现民族、乡村、浪漫等风格。

1. A 字裙的基本结构与特征

基本的 A 字裙可在直筒的基础造型上，将下摆略向外扩张形成。由于摆围不大，一般前后腰部各收两个省，后中或侧缝处开拉链。裙子的紧身与宽松程度受裙摆的阔度影响较大（图 9–2）。

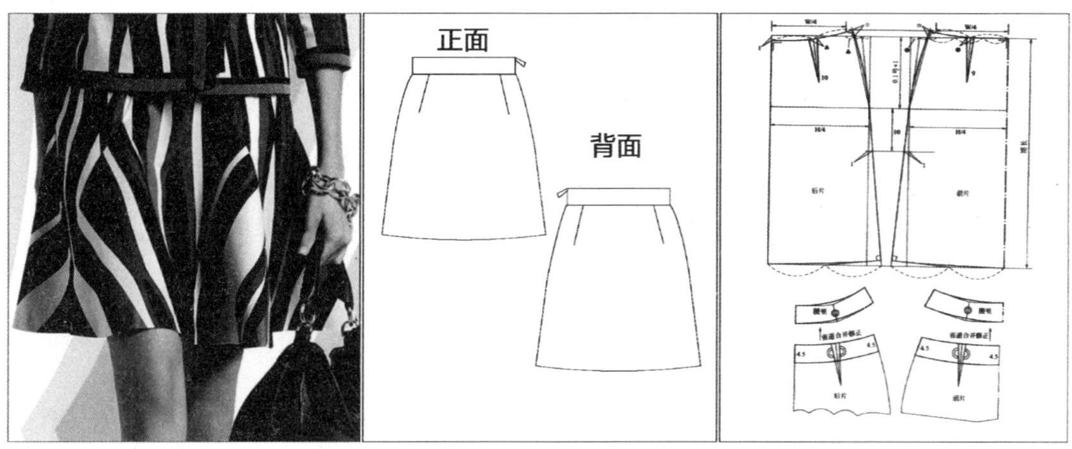

图 9-2 A 字裙的基础样式与结构制图

2. A 字裙的展开样式示例

A 字裙在进行变化时,同样有着腰头和分割线等元素的变化。对于这一类型的裙型,在进行展开设计时,往往表现的是年轻、活泼、时尚、休闲、未来感的风格,因此在裙型分割以及附加装饰上也可更加的大胆(表 9-2)。

表 9-2 A 字裙展开设计示例

简洁、硬朗的 A 字裙	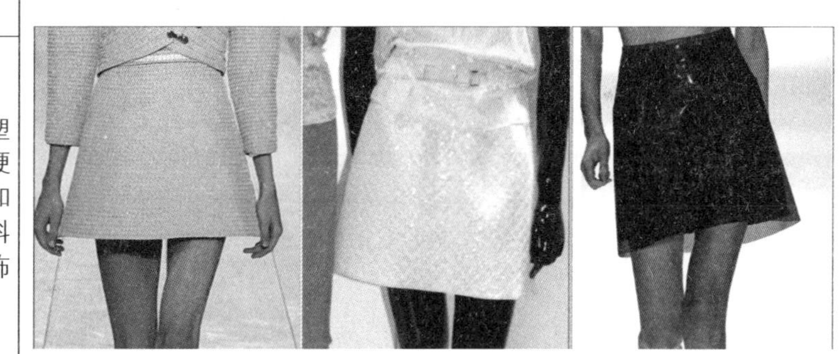
利用有一定塑形的面料塑造短款、简洁的 A 字裙,硬挺的外观给人以未来感和活泼感,可配合双层面料以及对腰腹部做双层装饰的设计,丰富其外观	
裙片拼合的多样化	
打破在侧缝拼合的传统工艺,将裙片以围裹的方式缠绕并固定起来,开合部位多采用前片靠左的位置,可饰以边饰	

续 表

育克与分割线的变化	
通过育克和分割线的变化，使得裙子在腰腹部保持合体，裙摆呈波浪状散开，增加了A字裙的跃动感，显得更加年轻、活泼	
装饰变化	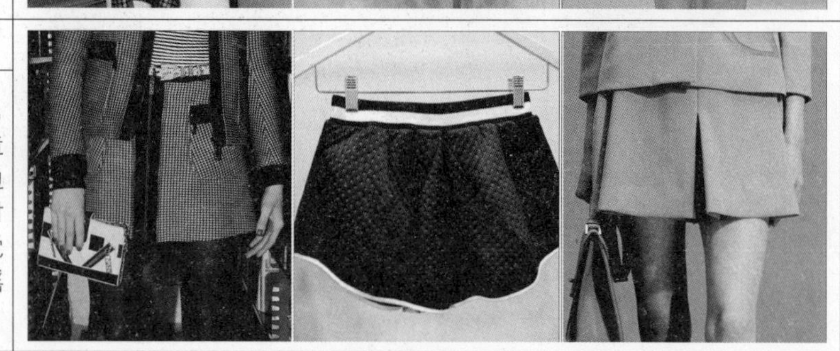
A字裙的装饰多种多样，常用的有设计褶裥以营造裙型的层次感；撞色滚边增加休闲运动感；采用对比、突出的配件提升视觉冲突力，带给人硬朗、摇滚、个性的感觉	

（三）喇叭裙的基本样式与特点

喇叭裙强调从腰部到胯部帖服身体，自臀围线以下逐渐扩大摆度，使下摆舒展张开，形成喇叭的造型。喇叭裙和A字裙都属于摆裙的种类，但喇叭裙下摆开合的围度要更大，更便于行走和活动。

1. 喇叭裙的基本结构与特征

多数喇叭裙的基本造型为斜裙类，其结构较为简单，因为侧缝线的倾斜度很大，通常不用收省，但面料使用较多。为了表现宽摆的飘逸效果，多采用整幅的整块面料制作，同时尽量避免使用硬挺的面料来表现。由于喇叭裙可采用多片拼接的方式，很难界定一种单一的基本裙型，以下展示的仅为最典型的喇叭裙式样（图9-3）。

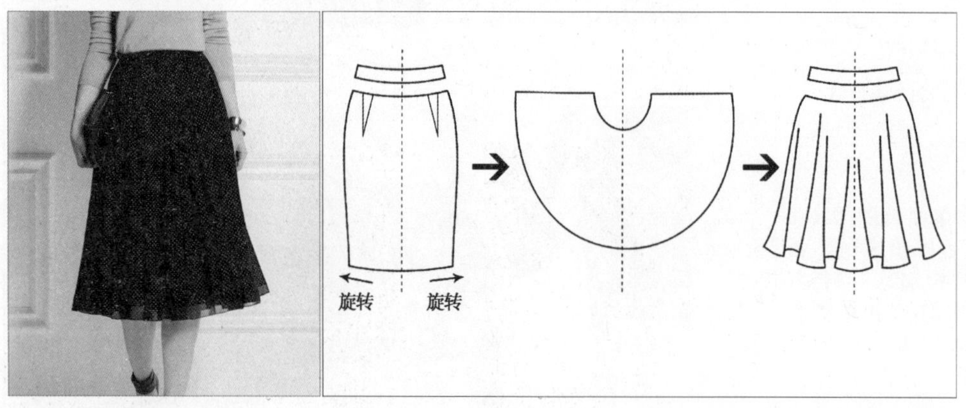

图9-3 喇叭裙的基础样式

2. 喇叭裙的展开样式示例

喇叭裙的设计展开可以从裁片、裙型、分割、压褶等方面进行。由于喇叭裙的下摆宽大，正常穿着状态时会自然形成褶皱和波浪的效果。圆台裙、鱼尾裙是非常常见的变化。同时，腰头、口袋、辅料、层叠装饰的变化也是延伸设计的重要元素(表 9-3)。

表 9-3 喇叭裙展开设计示例

多片喇叭裙 多片喇叭裙的裙身通常由 4 片、6 片、8 片、12 片组成，少数多片裙可由 20 片裙身拼合而成。多片喇叭裙一般不用省道，而是通过裁片收掉省量后进行拼合。裙片的宽度并非完全根据片数平均分配，而需要根据设计需求来定	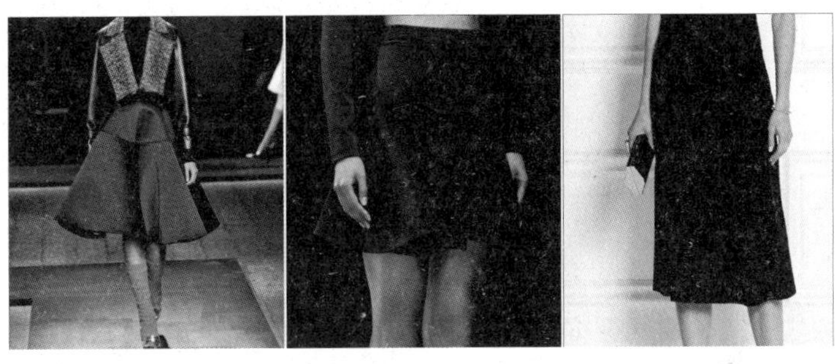
半圆裙与圆台裙 腰部合体，在 A 字裙的基础上继续增加其裙摆的阔度下摆，以半圆形或圆形展开的裙型。半圆裙和圆台裙具有很强烈的动态，效果华丽，适合制作礼服、演出服等	 
鱼尾裙 裙子上半部位紧身型，下摆自膝盖部逐渐展开呈现波浪状的裙型，因造型曲线与鱼尾相似而得名。鱼尾裙多长及地面，款式优雅，强调曼妙的曲线和夸张的下摆，常用于礼服的制作	
分割、褶裥和拼接 压褶，进行各种分割并重新拼接的手法常出现在喇叭裙的设计上。褶裙的设计能增加女裙的活动量和舒适度，并带来灵动的感觉	

（四）连衣裙的基本样式与特点

连衣裙又称连身裙，是上衣和半身裙相连的一种女装品类。由于中间没有重叠的衣料，这一品类穿着起来舒适、凉快、方便，且相对用料更节省。

由于连衣裙是上衣和下裙组合而成的，其变化非常多，并不能将某一类连衣裙作为基本款来说明。按照腰节分类，可分为束腰连衣裙、直筒连衣裙；按照长度可以分为短裙、及膝裙、长裙、拖地裙；按照裙摆的大小以及装饰的方式可以分为筒裙、褶裥裙、喇叭裙等（表9-4）。

表9-4　连衣裙典型设计示例

简洁基本款连衣裙 基本款连衣裙可以是拼接腰线也可以是整体连成一片的式样，多为直接套头的方式。根据合体程度可进一步分为紧身连衣裙、合体裙和喇叭式连衣裙等	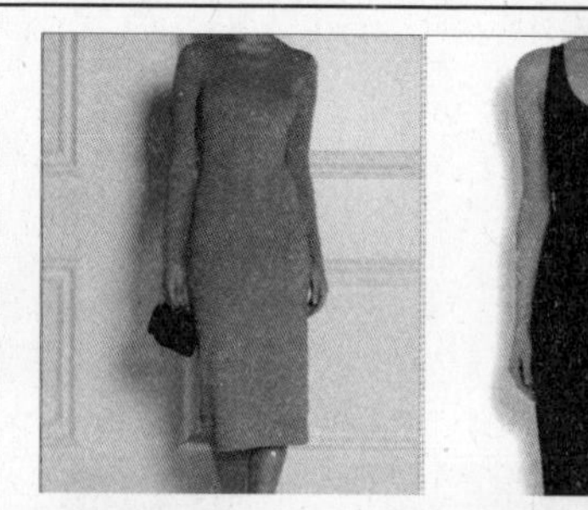 
肩、袖、领部的变化 从肩部造型、衣领造型和袖子造型来看，连衣裙可以分为吊带裙、无袖裙、短袖裙、长袖裙等，大多数基本款的连衣裙领口的变化还能细分为圆领、V领等	 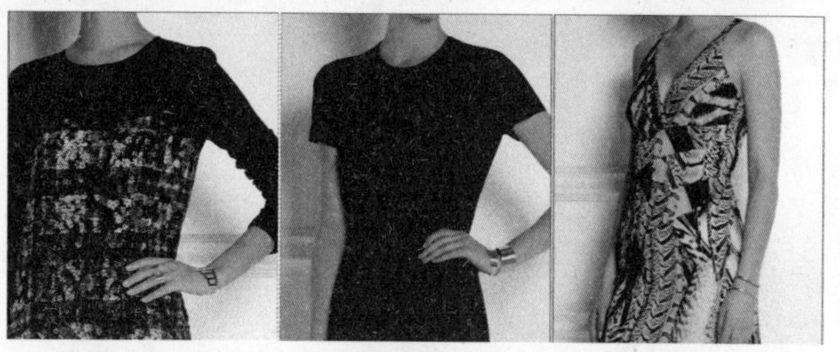
腰部的变化 从腰身宽窄可以分为直筒裙和束腰裙。延展设计常常在腰部做各种处理，例如蝴蝶结装饰、缠绕设计、荷叶边装饰以及丰富的腰带变化等	
包裹式连衣裙 除开褶裥裙、喇叭裙和筒裙外，包裹式的连衣裙非常常见，可采用抓褶和缠绕的方式覆盖前胸、腰腹甚至全身，这一类的裙型不易展现女性的体态，通常较为复杂，强调垂坠和优雅的感觉	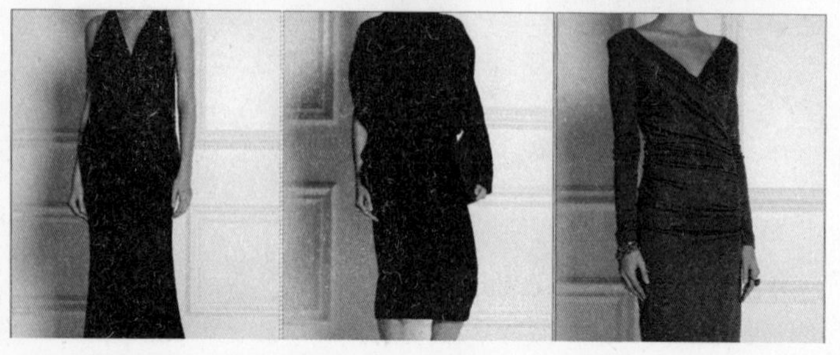

续 表

复合式连衣裙	
复合式连衣裙强调一件裙子带给着装者两件甚至两件服装以上的体验，例如假两件或假三件式连衣裙、衬衫式连衣裙、披肩式连衣裙	
不对称结构	
不对称的结构或装饰使得连衣裙的设计更富有个性，不均衡的设计通常出现在下摆的造型、衣领结构、衣袖结构以及衣片的叠加装饰上	

三、女裙设计的重点与要求

（一）腰围和臀围的放松量

在进行女裙设计的时候，腰围和臀围的放松量是非常关键的要素。尤其是针对一步裙、包裙等品类的时候，需要考虑到女性行走、下蹲等活动时的便捷度。同时，这一放松量也决定了裙形是否合体、优雅、性感、可爱等观感的重要因素。

（二）省道和分割线的变化

为了增加裙子的活动量或令裙身更加的合体，省道、褶裥和分割线的变化必不可少。同时，为了增加裙子的美观程度，改变裙子的造型，丰富时尚度，我们往往需要注意省道和分割线的开口位置、长度、工艺方式、装饰手法以及转移方式等。

（三）裙子造型和长短变化

裙子的造型和长短变化容易受到时代风格的影响，在进行女装设计时，要充分考虑风格要素对裙子造型的要求。同时，还需要考虑到穿着者的体型和身高特点进行优化设计。

第二节 女外套的设计

一、女外套概述与典型分类

外套(Jacket)是春秋女装的主要品种，属女装类别中的外穿服装。外套起源于男子服饰。

巴洛克时期的中后期，男子服装中出现鸠斯特克尔，即外穿衣。18 世纪鸠斯特克尔改名为阿比，其造型基本不变。到 18 世纪末至 19 世纪中叶，男装基本确立了现代意义的三件式穿着样式，即外套、马甲、衬衣相结合的上装穿着。现代意义的外套样式基本形成。女外套相对于男性较晚出现。20 世纪社会变化纷繁，女性走出家庭、走向社会，从事很多以前只有男性才从事的工作，使得女性穿着外套并形成流行。整个 20 世纪，女装外套经历了合身、宽体等多个变化阶段，形成了多种经典样式流传至今。外套一般有夹层设计，根据不同的穿着场合，其样式特征各不相同，主要可以分为商务型和休闲型。

常用的女外套品类包括有西装、夹克、风衣、大衣、棉服、羽绒服。

二、女外套各类别的基本样式与特点

（一）西装的基本样式与特点

由男子外套发展而来的女式西装外套沿袭了传统男式西服的设计特点，采用的面料和轮廓线条都比较经典。但随着现代人穿着观念的不断更新，西服样式外套的穿着方式与造型特征多样化，穿着场合从商务、职业场合扩展到各种都市、休闲场合，其选用的概念和应用范围也更为广泛。

1. 西装的基本结构与特征

西装的基本结构包括驳领、两片袖、衣片、嵌袋等，左右衣片采用纽扣扣合。长度可从齐腰至大腿 1/2 处，但最常见的为到臀线处。最经典的衣领与门襟造型为平驳领配单排扣门襟以及戗驳领配双排扣门襟式样，衣袋为双嵌线袋或带盖式暗袋。正式场合的女西装可与半身裙或西裤搭配构成套装，部分搭配还可加入马甲的品类（图 9-4）。

图 9-4　西装的基础样式

2. 西装的展开样式示例

女西装相对男西装来说有着更灵活的展开式样。其延展设计可以从西装的风格来分，商务形女西装往往有着简洁的造型和精致的细节设计，较少有附加的装饰。而休闲类女西装可有更为随意的外形线条和丰富的附加装饰，如缉线装饰、贴袋装饰、拼接装饰等。一般来说，女西装的变化可以从衣身长短、收身情况、衣领造型、门襟造型、下摆变化、衣袋变化以及装饰变化上来看，以下仅列举说明几个主要的变化方式（表 9-5）。

表 9–5 西装展开设计示例

<table>
<tr><td>衣领的变化</td><td rowspan="2"></td></tr>
<tr><td>经典的西装衣领包括立领、平驳领、戗驳领和青果领，延展设计可发展无领、双层领、拼接领等，并融入更多的夹克式领型进来。衣领的丰富变化可从领片宽窄、驳头高低、刻口形状、领片形状、驳折点高低等方面进行设计。越细窄的衣领显得越时髦、精致，越宽大的衣领显得越男性化、粗犷、复古</td></tr>
<tr><td>门襟的变化</td><td rowspan="2"></td></tr>
<tr><td>门襟的变化在女西装设计中也非常丰富，主要集中于对襟形式的运用及扣合方式的变化，以及门襟叠合宽窄的丰富处理</td></tr>
<tr><td>结构线的变化</td><td rowspan="2"></td></tr>
<tr><td>在传统的腰省上进行变化，结合省量融入更加丰富的省道和结构线形式，不仅能使得女西装廓型更贴合人体，还能带来风格、结构、款式上的多样设计</td></tr>
<tr><td>衣袋的变化</td><td rowspan="2"></td></tr>
<tr><td>可采用无袋、贴袋、立体袋等形式。贴袋的样式适合休闲女西装的制作，多袋以及袋盖的样式来源于传统猎装的风格</td></tr>
</table>

(二) 夹克的基本样式与特点

夹克最初是从事户外作业的人所穿的用粗质布料制成的工作外套,造型宽松,便于运动,现在是女装运动类和休闲类日常服的主要服装品种之一。现代生活所倡导的休闲运动理念使夹克样式在女装单品设计中扮演十分重要的角色。根据季节特点,夹克需具有相应的防水、防风、耐牢、保暖等实用性,在设计上常辅以填料绗缝、明缉线、拼接、双层设计以及对服饰配件,诸如拉链、金属拷纽等进行细部处理。很多经典的夹克式样给女装设计带来灵感。

1. 夹克的基本结构与特征

常见的夹克式样为及腰的轻便上装,通常下摆和袖口会有橡筋或罗纹收口的设计。夹克的结构在外观上与西装有很多共通之处,最大的不同可从衣领来看。西装的衣领为驳领,夹克的衣领为翻领。虽然部分夹克的翻领也有上下领,但不同于西装的上领片小于下领片的特征,夹克是上领片大于下领片。

2. 夹克的展开样式示例

夹克的样式非常丰富,不少夹克都有着悠久的历史和文化,这里仅介绍最常见的几类夹克样式(表9-6)。

表9-6 夹克展开设计示例

Chanel 式夹克	
一种无领的外套样式,多在通勤类套装中使用。有镶边、对襟、粗花呢等元素特征,因 Chanel 品牌创立并广泛流传而命名	
牛仔夹克	
起源于美国西部工人工作服。一种长度略微位于腰部以下的夹克,通常采用牛仔面料或蓝色斜纹面料制作,袖子的式样采用衬衫款式的克夫袖。衣袋和辑线是设计变化的主要要素	

续 表

飞行员夹克与棒球夹克	
及腰长，最初是英国战斗机飞行员在二战时穿的羊毛外套。其在腰部和袖口多为有松紧带的短夹克，早期的飞行员夹克需有毛领设计，保暖性好。与飞行员夹克相近的还有一类棒球夹克，采用罗纹的衣领、袖口和下摆，徽标设计是变化的重点	
机车手夹克	
一种最初用于摩托车手的短小的夹克，经典的产品采用厚重的黑色皮革制作，有一定的防护性能。机车手夹克往往采用金属纽扣和缨穗装饰。经典的美式 Perfecto 摩托车手夹克有着肩章和斜角拉链的设计。缉线也是机车手夹克的设计重点	  
运动夹克	
运动夹克是一类轻薄、易于活动的轻便上衣，多采用立起翻领的设计，并用拉链进行扣合，面料的功能性、口袋设计、分割与拼接形式等是运动夹克变化的重点	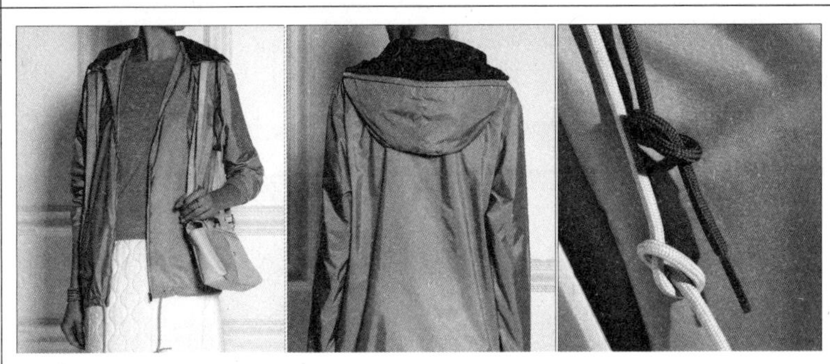

（三）风衣的基本样式与特点

风衣（Trench Coat）又称“风雨衣”，既可用于挡风遮雨，又可用于防尘御寒，是秋冬季穿着的防风雨外套。这一品类起初是配合军事用途的设计，尤其以战壕式风雨衣闻名，后来演变成一种集功能性与装饰性于一体的服装单品。最出名的风衣品牌为英国的 Burberry 品牌。

1. 风衣的基本结构与特征

风衣最初的样式为双排扣、拿破仑领、插肩袖、前后过肩、有肩章，袖襻和肩襻的处理、系腰带，在前胸和后背上有防风片的设计以防雨水渗透，下摆较大，便于活动。现代意义的风衣样式在传统样式的基础上有多种变化。

传统风衣的造型整体为 X 型，稳重大气，色彩以不同层次的米褐色为主。

2. 风衣的展开样式示例

纵观服装历史，很多经典的风衣样式给现代女装设计带来很多灵感，因此，了解历史上出现的一些经典风衣样式，有助于设计师更好地掌握此类单品的设计（表9-7）。

表9-7 风衣展开设计示例

战壕式风衣	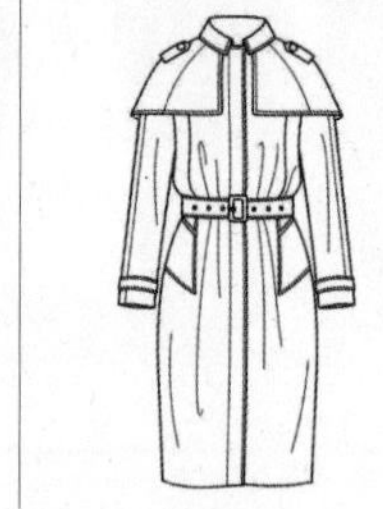  
Trench即战壕之意，是第一次世界大战时，英国陆军在战壕中作战时所穿用的防水大衣，这一类产品也因此得名。设计特征表现为肩部带有披肩式的双层设计而具有较好的防水效果。肩部有肩章，腰部系腰带，衣料通常采用防水后整理	
经典帕百丽（Burberry）风衣	 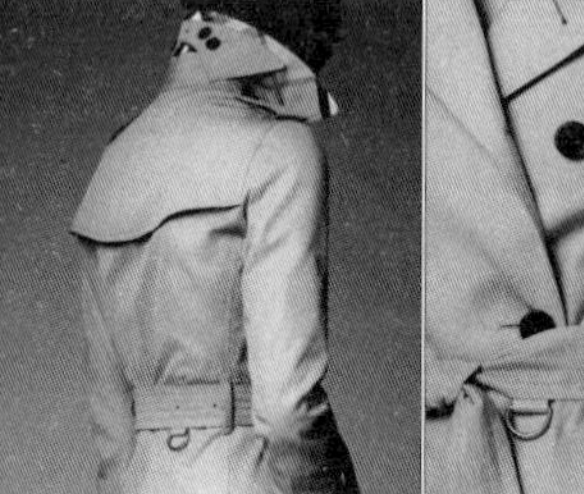 
经典帕百丽（Burberry）风衣采用棉质嘎巴甸（Gabardine）面料制成。该面料由Thomas Burberry于1879年发明，密织斜纹结构缔造了轻便舒适感与良好的透气性能，同时可防止雨水渗入保持衣身干燥。位于肩部的肩饰、前胸枪挡以及上背部雨挡等细节均彰显传统军装的设计风格。喉部锁扣以及钩扣和扣环的衣领设计，令风衣更具备防风雨特质。纹样上还可融入Burberry品牌传统的House Check格纹	
商务简洁风衣	  
中长样式，以商务休闲性为主导，自然收腰，多数为普通的装袖。部分款式不系腰带或没有前胸枪挡的设计，也可省略肩章的处理。面料上可替换为更加轻便的防水面料	

（四）大衣的基本样式与特点

大衣（Coat）是冬季女装的主要类别，具有防寒、防暑和防风的功用，实用性极强。女式大衣约于19世纪末出现，是在女式羊毛长外衣的基础上发展而成的，衣身较长，大翻领，收腰式，大多以天鹅绒作面料。

1. 大衣的基本结构与特征

大衣的基本结构和西装、夹克有很多共通之处，但长度较长，且采用毛呢面料进行制作。

对于基本款大衣来说，其廓型非常重要。大衣的廓型可分为A型、H型、茧型、X型等，各种不同的廓型给人带来不同的视觉感受，因此，各种廓型的大衣在展开设计时的重点位置和设计手段的运用也不相同。

A 型：A 型大衣从肩部、胸部、腰部至下摆顺势向外扩张，形成字母“A”造型的大衣样式，活泼时尚。

H 型：肩部合体、胸腰部放松、下摆基本与肩同宽，形成字母 H 型的大衣，职业经典。

茧型：肩部圆顺，胸腰臀部放松，在下摆收口处收紧，整体形成茧型的大衣，通常采用落肩设计，是近年来最常见的女式大衣造型。

X 型：肩部略向外扩张，腰部收紧、下摆张开，形成字母 X 型的大衣。

2. 大衣的展开样式示例

现在流行的众多大衣样式是在经典样式的基础上进行适当的改变，适时加入现今的流行元素，糅合成具有时尚感的产品。因此，对大衣的样式进行分析，特别是对历史上出现的一些经典大衣样式分析和对其进行相应的展开设计，有助于设计师更好地掌握此类单品的设计（表 9-8）。

表 9-8 大衣展开设计示例

披肩大衣	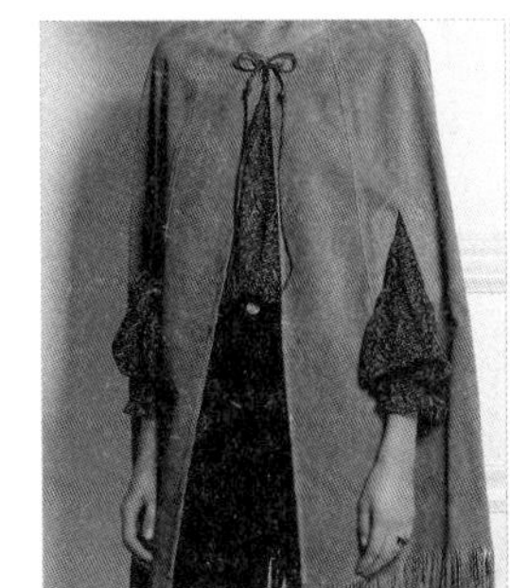 
披肩大衣指装有披肩的防寒大衣，也称 Inverness。即以苏格兰西北部海港城市茵巴奈斯而命名，典型的如福尔摩斯所穿的大衣样式。披肩也可以设计成脱卸式结构。也有披肩大衣是无袖的	
达夫大衣	  
达夫大衣指一种休闲型短型便装大衣，通常用粗质的羊毛织物制成。最初为北欧渔夫所常穿的一种具有木扣和用皮革固定的扣襻为特征的实用性大衣样式，第二次世界大战时期为英国海军所用而成为年轻式休闲大衣而流行	
围裹式大衣	  
围裹式大衣是舒适宽松的大衣廓型，配以腰带系扎。围裹式大衣受东方直线式裁剪方式影响，在样式表现上不同于以西方窄衣文化为主的大衣样式，表现出自由轻松的着装状态	

（五）填充外套的基本样式与特点

填充外套是有着两层或多层织物结构的、衬里采用填充物保暖的外套，主要包括棉衣和羽绒服两类。棉衣（Cotton-padded Jacket）和羽绒衣（Down Wear）是冬季女装产品的主要类别，其功能以保暖性为主。主要通过填充物(如棉、羽绒等)的夹层设计,达到产品的功能性需求。

1. 填充外套的基本结构与特征

填充外套主要的特征在于填充的材质和绗缝线的变化,设计师在进行棉衣和羽绒衣的设计时,需根据季候变化的特点调整其厚度和克重。棉衣和羽绒衣的基本结构为面、里及夹层的设计。

2. 填充外套的展开样式示例

棉衣、羽绒衣的设计变化是在满足单纯的保暖功能外进行的样式展开设计。根据不同的结构设计特点,可以将棉衣、羽绒衣分为大衣样式、旅行样式、军服样式、工装样式等。随着新工艺新技术的介入,棉衣和羽绒服也一改以往“厚重”的感觉,以更加多变的样式出现,表9-9例举几种不同结构特点的棉衣设计并对其进行说明。

表 9-9 填充外套展开设计示例

大衣样式棉衣设计	旅行样式棉衣设计
大衣样式棉衣是在大衣样式的基础上用棉质填充材料制作的单品。此类棉衣的衣身不宜采用过多的分割和附加装饰,整体感觉简洁大方	旅行样式棉衣是将迎合旅行需求的设计要素运用于棉衣的样式。此类棉衣的衣身一般有分割设计、口袋设计、拉链设计等细节要素以符合旅行感的特征要求
军服样式棉衣设计	工装样式棉衣设计
军服样式棉衣是将军装的特征性设计要素运用于棉衣的样式。此类棉衣的衣身一般有分割设计、拉链设计、肩部加厚设计、连帽设计等细节要素以符合军装感的特征要求	工装样式棉衣是将功能性的设计要素运用于棉衣的样式。此类棉衣的衣身一般有多层分割设计、多个挖袋和贴袋设计、拉链设计、扣襻设计等细节要素以符合功能性的特征要求

三、女外套设计的重点与要求

(一) 外套造型与长短

我们在进行服装廓型的说明时,往往会对服装的长短进行描述,对于外套这一大的品类,不同的长短是依据不同的品类而定的。不同的穿着场合和职业需求对外套的长度也有着不同的审美和功能要求。在进行女外套的设计时,首先需要了解把握常规的、既定的长度要求,同时结合设计需求和流行趋势对其进行变化。与此同时,外套的造型也需要在经典的廓型上进行合理的重组,才能不断演化出新的样式来。

(二) 衣领形态与变化

非常多的女装外套有着相似的廓型和部件,除开面料以外,衣领的造型和细节变化是区分它们的重要元素。同时,衣领的长短、宽窄、高低、形状、装饰方式等及时反映了当下流行要素的选择,也是判断女外套是否紧跟时髦的途径。

(三) 衣袋形态与装饰

衣袋的形态设计是女外套变化的重点之一,衣袋的大小首先需要与不同品类的女外套相匹配,同时特定品类的女外套对于衣袋的形状、面料和工艺有着严格的要求。衣身上的装饰包括有拼接、绗缝、缉线、刺绣、串珠、流苏等,不同的装饰能让女外套具有不同的风格。

第三节 女上衣的设计

一、女上衣概述与典型分类

女上衣的品类非常的丰富,又因为样式多变,本章中不能一一阐述。这里将可穿在外套内的、相对轻薄的上衣品类归纳到其中。女上衣的品类可包括恤衫、衬衫、卫衣、毛衫等。

二、女上衣各类别的基本样式与特点

(一) 衬衫的基本样式与特点

这里的女衬衫范围较广,英语里衬衫为 shirt,而在女装类别中女衬衫却没有确定的语源。通常我们将 blouse 称为女衬衫,也就是相对轻薄、宽松的上衣。

1. 衬衫的基本结构与特征

由于女衬衫样式较多,变化丰富。这里以最常见的女衬衫样式作基本结构的介绍。其特征是呈现 S 型廓型,衬衫企领,明门襟,袖口有克夫。前后衣身有腰省,前片设计腋下省以突出女性的胸部。底摆为前短后长的圆摆,衣长在人体臀位线稍下的位置。该类型的衬衫可与裤子、套裙等组合,适合各种场合穿着(图 9-5)。

图 9-5 衬衫的基础样式

2. 衬衫的展开样式示例(表9-10)

表9-10 衬衫展开设计示例

<table>
<tr><td>罩衫式衬衫</td><td rowspan="2"></td></tr>
<tr><td>多为宽松、轻薄的短款上衣,下摆宽大、袖口放松,套头式样。廓型以H型、A型、O型居多。面料多采用棉、丝缎、纱等材质,可搭配褶裥、蝴蝶结、绑绳等工艺</td></tr>
<tr><td>T恤式衬衫</td><td rowspan="2">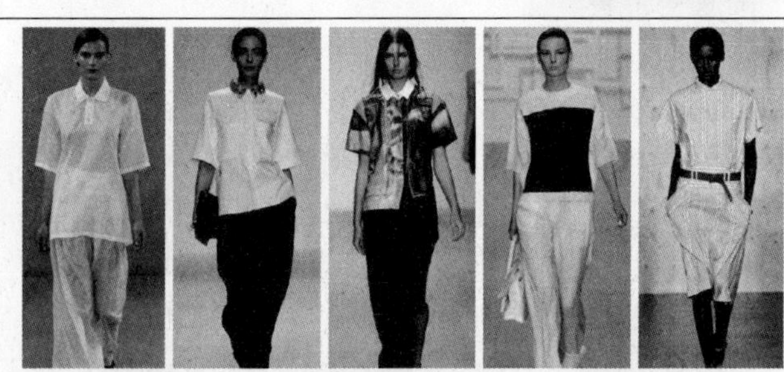</td></tr>
<tr><td>多采用箱型T恤造型设计,搭配衬衫衣领、简单领线、长及手肘的衣袖,由挺括棉府绸和丝制绉纱制成</td></tr>
<tr><td>牛仔衬衫</td><td rowspan="2">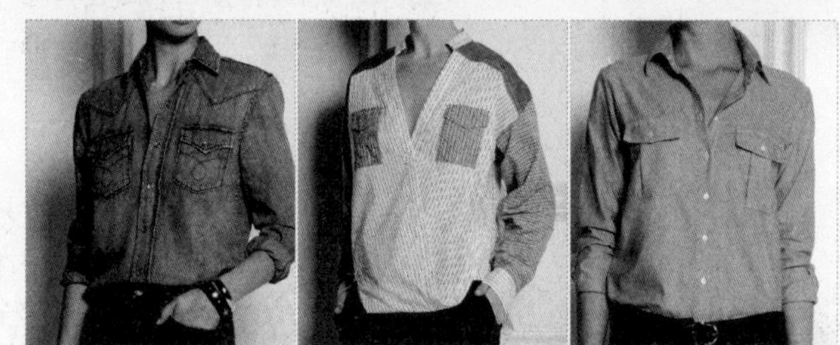</td></tr>
<tr><td>多采用薄型牛仔面料或钱布雷泽面料制作,衬衫样式结合了传统男士衬衫和牛仔夹克的特点,胸前多为两个贴袋,缉明线,有育肩的设计。部分衬衫会采用多种面料进行拼接的形式</td></tr>
<tr><td>猎装衬衫</td><td rowspan="2"></td></tr>
<tr><td>狩猎衫是经典梭织衬衫的翻新款。有着肩章、卷袖纽、扣翻盖口袋等实用细节,部分款式会采用腰带。衬衫色彩多为卡其色、沙砾色、驼色等</td></tr>
<tr><td>睡衣式衬衫</td><td rowspan="2">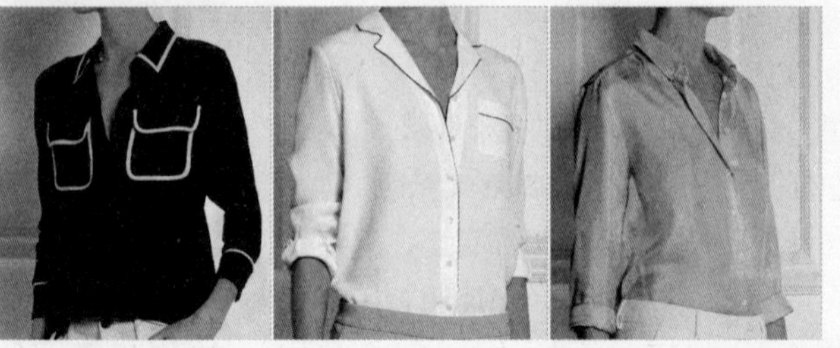</td></tr>
<tr><td>这种类型的衬衫多采用水洗真丝面料裁制而成,触感柔软亲肤。灵感源于传统男装款式和家居服,服装柔软、垂顺,有随意感,一般配有带盖口袋和白色滚边</td></tr>
</table>

（二）恤衫的基本样式与特点

恤衫一般为薄型的针织上衣，多为圆机针织产品，套头穿着。通常大家说到恤衫往往指的是无领套头衫，这里加入了 POLO 衫一起进行说明。

1. 恤衫的基本结构与特征

恤衫是一种套头的针织上衣，通常无纽扣、无口袋，最常见的是圆领的设计，但也有 V 领等其他领型。

2. 恤衫的展开样式示例（表 9-11）

表 9-11 恤衫展开设计示例

POLO 衫	
一种 T 字形的有领针织恤衫，通常用于网球运动、高尔夫运动、马球运动等等。传统上衣领下开衩，并有 2 到 3 粒纽扣，可选择的口袋设计，纽扣也可以用拉链代替。马球衫通常采用针织面料制作，最普遍的面料是棉针织，少数会采用丝绸、美丽诺羊毛以及人造纤维	
Breton 上衣	
Breton 上衣也称海魂衫，由棉或羊毛织成，船形领延伸到肩部，条纹则从胸线才开始，一直横贯到袖子，袖子不短于完整长袖的四分之三长度。海军风条纹是产品的最重要特点，常用于航海或度假风格的女装产品	

（三）毛衫的基本样式与特点

毛衫也称为毛针织服装，传统意义上的毛衫是用毛纱或毛型化纤纱经过针织工艺而织成的服装。毛衫的不同风格和特性取决于采用的材料、纱线结构、织物组织以及与之相配合的造型、装饰、加工工艺、后整理技术等。

1. 毛衫的基本结构与特征

与其他上衣的廓型和结构相似，可分为套头和开衫两类，毛衫的领口、下摆和袖口多为罗纹结构，针法多变。根据针法的不同，毛衫可包括平纹毛衫、绞花毛衫、提花毛衫等。

2. 毛衫的展开样式示例(表9-12)

表9-12　毛衫展开设计示例

阿 兰 毛 衫	
一种采用厚重纱线编织成的有着多种纹样装饰的毛衫。阿兰毛衫的纹样主要有以下几种：锯齿形图案、蜂巢式图案、链式绞花、钻石纹样等	
格 恩 西 毛 衫	 
一种出产于格恩西岛的针织衫,类似于平纹运动衫的样式,早期用作水手和海员的装束。装饰性的细节主要是为了展现渔夫生活的方方面面。袖口的罗纹代表了船上的爬梯和索具,肩部隆起的缝合线代表了绳索,而袖窿外圈的平针织成的区域代表了海滩上的波浪	
板 球 衫	
一种V领的学院派风格的毛衫,通常胸前有绞花,领口有两组V型线条装饰	

三、女上衣设计的重点与要求

(一) 领片的结构与装饰

领片的结构设计和变化以及装饰手法是女上衣尤其是女衬衫造型的关键。领片的设计可以从大小、形状、数量、位置、图案、工艺、装饰等方面着手。市场上有一段时间非常流行多片领和假领的造型,需要结合流行元素对其进行设计处理。

(二) 袖型的设计与工艺

袖型的变化不仅是改变女上衣廓型的要素,也是体现衬衫、恤衫以及毛衫功能的要素。插肩或连体的样式往往能带来更大的活动量,但对造型的美观度有一定的影响,容易显得臃肿,平衡好袖子的外观和功能是女上衣设计时需要注意的。

本章小结

本章分别从三个方面对女装单品设计涉及的相关内容进行介绍:女裙的分类、基本样式和设计要求,女外套的分类、基本样式和设计要求,女上衣的分类、基本样式和设计要求。每种单品介绍了单品概念、基本样式的特点和结构以及典型的展开设计要点。针对单品的设计应当从基本形出发,丰富其在版型、结构、装饰等方面的变化,才能延展出符合不同需求的单品女装来。

思考与练习

1. 女下装除了裙子外还有女裤的品类,女裤的分类和特点分别有哪些?
2. 从毛衫中选择 1 ~ 2 种类型进行延展设计。
3. 分别以夹克和风衣的基本原型为依据,进行品类的延展设计。

第十章 女装分类设计

除开普通的成衣外，女装设计还涉及到非常多的类别，例如职业装、运动装、内衣、家居服、礼服等。熟练掌握每种类别的女装的穿着需求和面料特性是进行女装深入设计的重要关键。本章挑选出高级定制女装、运动女装和家居女装进行分类说明。

第一节　女装分类设计概述

一、女装分类设计的意义

如果把每件在造型、色彩、面料和结构上略有不同的服装都算作不同款式，那么，服装大概是款式最多的日常生活用品了，尤其是它的造型之多、色彩之众、面料之杂是任何其他生活用品望其项背的。当被问及如何进行服装设计这个简单而又复杂的问题时，做出的只能是笼统的回答，因为服装与服装之间有太多的不同，不可能用一种具体的解答结果以偏概全地满足提问的各个方面，比如：如何进行女装设计？回答显然是笼统的。因为女装中有职业装、休闲装、运动装等等；休闲装中有少女休闲装，也有淑女休闲装；休闲装有高档的，也有中低档的，有流行感强的，也有传统型的；如此等等……因此，真正令人满意的回答必须弄清楚上述所有附属条件，这个回答只能满足个体的需要，好比医生开药，再好的灵丹妙药也不可能包治百病，只有弄清病因、对症下药，开出的药才是最好的药。服装设计存在着同样的道理，体现出服装设计艺术性的一面。

二、女装分类设计的原则

女装分类设计主要遵循：用途明确、角色明确、定位准确三个原则。

（一）用途明确

这里的用途是指设计的目的和服装的去向。设计者为什么要设计这件服装？是参加服装设计比赛用，还是投放市场销售用？是作为宾馆制服，还是作为社交服装等等。服装的去向决定了服装存在的环境条件。即使同样是作为宾馆制服，但是宾馆的等级、风格和空间环境大不相同，司职的工种也种类繁多，设计便不能概念化、程式化进行。明确了服装用途，设计才能有的放矢，准确击中目标。

（二）角色明确

角色是指具体的服装穿着者。仅仅按年龄性别划分穿着者类别仍是比较抽象的，还应该对穿着者的社会角色、经济状况、文化素养、性格特征、生活环境等进行分析，批量生产的服装是求得穿着者在诸多方面的共性，单件定制的服装则要找出穿着者的个性，并且要注意穿着者的身体条件。角色明确是在用途明确的基础上进行的。

（三）定位准确

定位包括风格定位、内容定位和价格定位。风格定位是服装的品位要求，成熟的穿着者明白自己需要什么样的风格，需要什么样的品位。内容定位是服装的具体款式和功能，不能给穿着者张冠李戴的服装，像表演装又不是表演装，像风衣又不是风衣的结果往往令人难以接受。服装的款式可以千变万化，其性质却要相对稳定。价格定位是针对销售服装而言的，无论采用何种销售方式，价格定位将涉及生产者和消费者的经济利益。定位过高虽然利润丰厚却会引起滞销，定位过低虽能畅销却利润微薄，因此，合理的产品价格比一直是设计者应该了解的内容。

掌握了以上三项总的设计原则之后，具体的设计才能根据具体要求展开。

第二节 高级女装的设计

一、高级女装概述

（一）高级女装的相关概念

根据《Berg Dictionary of Fashion History》一书对于高级女装的定义，高级女装（HAUTE COUTURE）是源于法国的词汇，代表着时装设计和制衣工艺的最高形式，这一类型的女装最初起源于巴黎，随后广泛扩展到世界各地。

从词源来看，法语中的 HAUTE 代表高的、上流的，COUTURE 一词则是和缝纫、针线等时装工艺紧紧联系在一起，合起来 HAUTE COUTURE 可以译为高级时装或高级女装。

高级女装原本特指 19 世纪中叶在巴黎出现的以上流社会贵妇为消费对象的高价奢侈的女装，现在一般是指在以巴黎为中心的欧洲高级时装店中，由著名设计师指导，专门裁剪师打版，高级缝纫师制作的单件作品。其风格独特、用料考究、工艺精湛，大部分用手工缝制，是完全的量体裁衣。

（二）高级女装的历史溯源

高级女装的起源可以追溯到 17 世纪初期，当时法国是欧洲奢华丝绸纺织品的中心。贵族妇女会委托制造者生产适合在社交和宫廷场合穿着的个性礼服和饰品。制衣师会为消费者创作出一次性穿着的服装，并将写有他们名字的标签缝制到衣服上。

典型的高级女装业诞生于 19 世纪 50 年代，以 1858 年英国的 Charles Frederick Worth 在巴黎创建高级女装屋为标志，代客定制服装是高级女装业的初衷。1868 年，以沃斯为首的巴黎高级女装设计群体将“高级女装沙龙”改成对高级女装业发展有着重要意义的“巴黎高级女装联合会”，联合会的组建不仅确立了高级女装业的合法地位，而且使该行业的国际化有了可能。

在当代，真正拥有高级女装头衔的品牌非常少，这些品牌必须受到高级时装协会（The Chambre Syndicale De La Haute Couture）的认证。高级时装协会成立于 1868 年，主席由高级时装公会的主席迪迪埃 · 戈巴克兼任。由于从事高级女装设计、生产和经营队伍的不断扩大，争夺法国高级时装协会的会员资格也越来越激烈，能够入会的条件非常苛刻，主要需具备的条件如表 10-1 所示。

二、高级女装的设计重点与面料表现

高级女装设计的方法与流程与普通成衣的设计其实有很多相似的部分，但由于其具有面向的消费群相对特别，工艺精细复杂，造价高昂等特点，在进行这一类女装设计的时候，需要考虑以下几个方面的因素，并找到合适的切入点进行展开设计。

（一）充分考虑客户的需求与特色

高级女装与普通成衣的最大区别就在于其属于定制的范畴。定制的产品是由客户决定面料和设计的。设计师帮助客户进行设计，但客户绝对控制自己想要什么以及想要的服装样式。对于现在的高级女装产业来说，一部分的服装样式是由客户提出特定要求度身打造的，还有很大一部分是由举办高级女装秀的设计师进行设计的，客户可以从每季的产品中选择喜欢与合适的产品，并对服装色彩、细节等提出要求。

表 10-1　高级时装协会成员入会条件

• 向法国高级女装联合会提出正式书面申请 • 在巴黎建立定制高级女装的工作室，工作室需有至少 15 名全职员工 • 举办每年两季的高级女装发布会，具体日程由高级女装联合会制定和协调 • 由各申请公司的首席设计师设计创作 50 套以上的原创女装，并由真人模特儿表演 • 在自己的高级女装工作室中，完成由个体客户提出定制各种服装的制作				
截止到 2012 年，高级时装协会会员包括：				
官方会员	通讯会员	特邀会员	珠宝	配饰
Adeline André Gustavo Lins Chanel Christian Dior Christophe Josse Franck Sorbier Givenchy Jean Paul Gaultier Maurizio Galante Stéphane Rolland	Elie Saab Giorgio Armani Giambattista Valli Valentino— Versace	Alexandre Vauthier Bouchra Jarrar Iris Van Herpen Ralph & Russo Julien Fournié Maxime Simoens Yiqing Yin	Boucheron Chanel Joaillerie Chaumet Dior Joaillerie Van Cleef & Arpels	Loulou de la Falaise Massaro—On aura tout vu

同时，高级女装专门以女性为目标，且多数服装是专门为明星等出席颁奖典礼和各大活动准备的。这也使得高级女装服务的对象和穿着场合是有特殊性的。在进行设计时，应当充分考虑客户的需求与特色，根据顾客定制的要求，结合其体形特征、个性、着装需求等信息，定制顾客独享的方案。在这个过程中，设计的对象是非常具体的，设计师与顾客需要面对面地进行直接交流与沟通，极大限度地满足顾客的各种需求。

（二）精工细作的工艺是体现价值的重点

大部分的高级定制女装都是采用手工完成的，严格每道工序的制作工艺，对工艺师的技术水平和从业经验要求非常高。对面料工艺的开发和精细制作是体现高级定制产品价值的重要评价标准，不少高定的品牌及产品往往不会仅关注并擅长某一类工艺，一件定制服装上呈现的可能是多种工艺的合体，例如 Chanel 旗下子公司 Paraffection 就陆续买下巴黎的精品手工坊：配饰珠宝坊 Desrues、羽饰坊 Lemarié、刺绣坊 Lesage、鞋履坊 Massaro、制帽坊 Michel、金银饰坊 Goossens、花饰坊 Guillet，将其精致的手工工艺与 Chanel 的典雅产品相结合，打造出全新的时尚路线（图 10-1）。

图 10-1　Jean Paul Gaultier 的高级定制产品，全身采用精细的钉珠制成逼真华丽的虎皮纹礼服

（三）文化与传统是维系产品活力的关键

与普通成衣不同，影响每季高级女装产品的关键不在于流行元素应用的多少。如果仔细观察各品牌的高级女装系列，不难发现不少产品并非紧跟流行市场，有些产品甚至不时髦。但大多数高定品牌都会比较强调的一点就是对传统的传承和对文化的体现。由于定制系列多为礼服，在设计上可以更加的夸张，例如国内的几个高级定制品牌都会从古代服饰文化中汲取灵感运用到新产品的设计中去。

在面料的运用上，高级女装常用的面料类型及其特点可参见表10-2：

表10-2 高级女装常用面料

总 体 要 求	
华贵、飘逸、塑形强，质地舒适，多为天然织物，尤其是丝织物	
典型面料品类	特 色
真丝乔其纱	薄，透，轻盈，有一定的悬垂性，不易变形
绉纱	表面自然绉缩而显得凹凸不平，细薄却有一定的厚实感
真丝欧亘纱	透明或半透明，多覆盖在缎布或丝绸上，质地挺括，易于造型
库缎	桑蚕丝缎类产品，组织结构细密，缎面光滑，色彩明亮，挺括，细腻
绉缎	桑蚕丝缎类产品，缎面光亮，色泽华丽、优雅，手感糯软，悬垂性好
蕾丝面料	透明或半透明，有丰富的花纹，有着精雕细琢的奢华感和浪漫气息
天鹅绒	色光柔和，手感厚实，柔软舒适，有着典雅华贵的特点

三、典型高级女装品牌分析（表10-3）

表10-3 典型高级女装品牌分析

Elie Saab（艾莉·萨博）	
Elie Saab 品牌是由黎巴嫩设计师以其名命名的高定品牌。这一品牌一向以奢华高贵、优雅迷人的晚礼服而著称。多运用丝绸闪缎、珠光面料、带有独特花纹的雪纺、银丝流苏、精细的刺绣……进行女装的制作。奢华的刺绣与柔美的褶皱是这一品牌标志性的特色	

续表

<table>
<tr><td>Christian Dior(克里斯汀·迪奥)</td><td rowspan="2"></td></tr>
<tr><td>Christian Dior 品牌的高级定制女装一直以来以女性造型和线条闻名,强调女性凸凹有致、形体柔美的曲线。Dior 品牌在定制史上创造了无数经典的造型,集奢华典雅与创新于一体,是优雅和实用的完美结合。在 John Galliano 担任总监时期,融入了更多文化和灵感,独特的、戏剧性的混搭手法将街头时尚的随性、雍容华贵的气质和大胆前卫的作风融合到定制产品中,展现了 Dior 的新女性形象</td></tr>
<tr><td>Chanel(香奈儿)</td><td rowspan="2"></td></tr>
<tr><td>Chanel 高级定制与成衣品牌一样有着浓郁的品牌特色,经典优雅是这两个系列共同的风格。除开山茶花等经典标志外,从 2002 年开始,现任设计师卡尔·拉格菲尔德(Karl Lagerfeld)每年都会选择一个城市推出高级手工坊系列,并集结七家法国传统手工艺作坊,从羽毛、钉珠、珠宝到鞋子,让七种古老的精湛时装手工艺能够借由高级定制产品发扬光大</td></tr>
<tr><td>Valentino(华伦天奴)</td><td rowspan="2">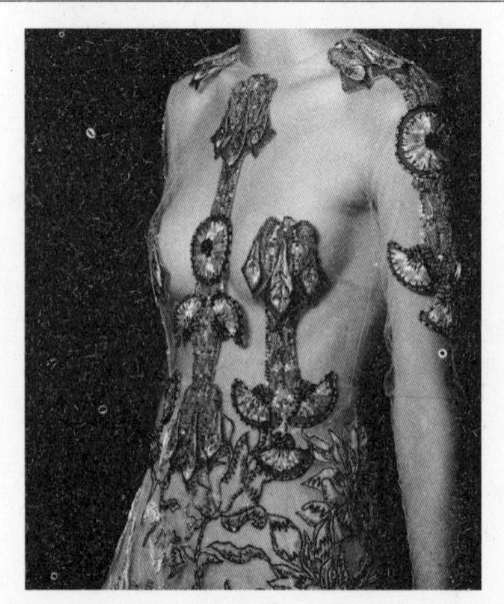</td></tr>
<tr><td>Valentino 品牌的高级定制产品以罗马式贵族气质著称,每件作品都精致得像是艺术品,高调之中隐藏深邃的冷静。标准色华伦天奴红和极致优雅的 V 型剪裁晚装是品牌的典型特色</td></tr>
</table>

第三节 运动女装的设计

一、运动女装概述

（一）运动女装的相关概念

运动服是指有关运动服装的总称。它除专门性的运动服装之外，与运动有关的生活服装也被称为运动服，因此运动服所包含的范围是极为广泛的。现代社会体育运动的生活化、社会化，使运动服更具有广泛性、大众性。同时，运动服的机能性，使服装的实用价值更广泛而迅速地被人们接受，因此，运动服大有时装化的趋势。现代时装的大众潮流，更多的来源于传统运动服的灵感和设计语言。

运动服最重要的条件是运动的机能性。使其能达到运动机能最佳的状态，仅靠设计和裁剪无论如何是有限的，所以必须靠材料来弥补其不足。使用有伸缩性的衣料，同时，具有保暖性、透气性、吸湿性，以及耐洗、耐磨、拉伸性能好，而且坚固，以适应各种运动的环境和方式的需要。根据其运动的种类，形成了专门的运动服。然而，仅采用机能性的设计会使运动服索然无味，所以也必须结合心理美、造型美和流行的规律考虑设计问题。运动服有网球服、高尔夫服、登山服、骑马服、溜冰服等。这几种运动服与生活装非常密切，对时装的影响很大。从穿着文化的意义讲，运动服也是人们物质和精神生活不可缺少的组成部分。何况体育又最具有群众性和国际性，因此，高明的设计师从来不放过从运动服的功用、色彩、款式的规范语言中得到灵感。如超短裙、太阳裙、健美裤、太空服等，甚至连夹克、猎装等这些现代看来纯属生活装的品类，也都是来源于地道的运动服。

（二）运动女装的历史溯源

运动装的起源与狩猎活动密不可分，目前发现的为采集和狩猎活动设计的服装已经具有了功能和保护作用，且能提供狩猎者活动时较高的舒适度和便捷度。此后运动服装的兴起是伴随着 19 世纪中叶以来，各类体育运动的兴起而出现的。这一时期体育运动已经在部分富裕地区开始兴起，例如骑马、射击、狩猎等，但此时的运动装还仅仅是在时装上进行改良的产品。此后工人阶级的休闲运动逐步兴起，欧洲移民，尤其是斯堪的纳维亚和德国的移民到美国后广泛传播的户外运动和俱乐部文化使得运动的受众和场合性有了新的变化，越来越多的运动活动有了专门的服装和配饰。20 世纪 70 年代，登山、帆船、远足等运动在青年中开始流行，对高性能的追求成为运动装产品的设计重点。

20 世纪的前几十年，运动装的特点是笨重和宽松。20 世纪 90 年代起，对身材展现意识的流行使得运动装产品更强调针对性和合体度。同时，运动的类别也从专业的比赛向城市居民的休闲活动扩散。骑行、露营、瑜伽等休闲运动成为现在广受欢迎的运动类型，更加舒适、时尚、多功能的面料和设计也成为未来运动装发展的方向。

当前女士运动装的产品主要包括有以下几大类别（表 10-4）：

表 10-4　典型女士运动装类别

球类运动	篮球服、足球服、网球服、羽毛球/乒乓球服
水上运动	泳装、潜水服
户外运动	登山服、骑行服、慢跑服
室内轻运动	瑜伽服、舞蹈等训练服

二、运动女装的设计重点与要求

（一）面料的舒适和功能性是设计的重点

由于运动装产品穿着目的和场合的特殊性，对面料的关注和持续性设计是这一类产品研发的关键。对运动女装的面料进行设计时需要从舒适度和功能性两个方面进行考虑。

舒适度强调着装时不影响正常的运动活动量。一般来说，针织面料、弹力面料和轻薄的面料更能够满足着装者对舒适度的需求，这也是为什么近几年来针织类产品在运动装中的占比越来越大的原因。

功能性面料可从防护性、舒适性、智能性等几个层面入手，防护性是运动装尤其是户外运动品类非常突出的功能表现，包括防水、防风、防污、防紫外线等。舒适性主要包括吸湿排汗性和温度调节。而智能性运动装将当下人们更加关注的运动科技和保健美体等概念融入其中。例如瑞士功能面料品牌 Schoeller、美国 UnderArmour 公司、意大利著名体育用品品牌 ERREA 等多家功能面料与运动品牌制造商都在积极地促进体能修复运动服的研发与推广。通过将有益元素研磨成纳米级细度的粉末，利用特殊技术植入纱线中，能有效促进血液循环、提高肌肉氧含量，降低运动中的乳酸产量，以达到缓解疲劳、降低运动损伤的几率，这一类运动服的研发和设计能提高穿着者的健康程度。而 YesYesNo 团队将纽约 Nike + 的用户数据融入 LarkLife（一种智能腕套）产品中，除了卡路里外，还能记录运动者饮水、睡眠和其他日常习惯（图 10-2）。

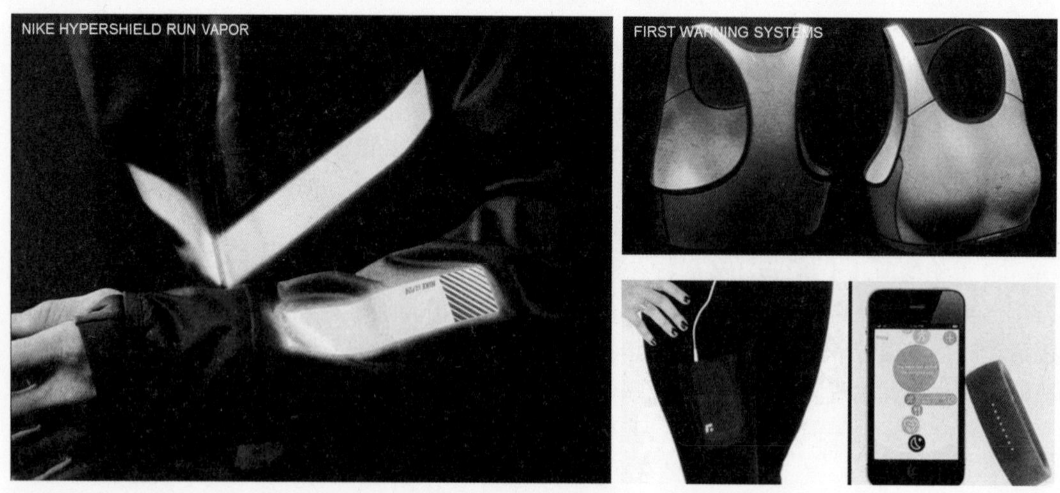

图 10-2　越来越多的运动女装品牌采用新科技面料提升产品穿着的舒适度和功能性

（二）从人体工学出发进行运动装设计

从符合人体工学的角度出发进行女士运动装结构、面料与工艺的设计。近几年来无缝针织的开发在各大运动装品类中尤为热门，正是顺应了这一潮流。与普通的针织运动装相比，无缝类针织产品有以下几个优势：减少缝线对肌肤的摩擦损伤；有效增强不同部位压力控制；改善温度和湿度控制，提升运动舒适度；减少劳动成本，控制面料库存。根据人体不同部位所需的压强和吸湿排汗度的不同，有针对性地进行结构性的处理，能有效提升运动的舒适度和强度，这也是女士瑜伽、慢跑、骑行等运动装备中越来越强调的设计亮点。

（三）将时尚元素与传统运动类别进行结合

越来越多专业运动品牌与时装品牌、汽车品牌以及其他奢侈类品牌进行合作，针对特定的消费群和运动场合推出专门的时尚产品线，潮流元素也开始在高端运动装市场大放异彩，并逐步推广到高端专业运动产品的设计中去，这一类的品牌包括有 Adidas by Stella MarcCartney、Porsche Desisn、Moncler 等。与此同时，由于数码印花以其精确、便捷的优势，也更多地在运动装，尤其是针织类运动产品中广泛运用。同时，复合类产品的研发热潮也令运动类产品更加时尚，复合类时尚产品多强调复合面料的运用，尤其是针梭织面料的复合以及突出不同纹样、色彩、功能和手感的双面面料的应用。这一类面料的研发使得运动装不仅提高了穿着的舒适度，增加服装的功能性，还可以获得更加丰富、时尚的外观，是目前运动装产品研发的一大热点。

在面料的运用上，女运动装常用的面料类型及其特点可参见表 10-5：

表 10-5　运动女装常用面料

总体要求	
吸湿、透气、耐磨、弹力好，功能性强，多为合成纤维织物	
典型面料品类	特色
全棉	吸湿透气
涤纶	抗皱性、耐磨性好，耐光性强，吸湿性差，不受蛀虫霉菌等作用
氨纶	优异的回弹性和伸长率，耐疲劳性好，吸湿性较好
尼龙	耐磨性好，回弹和耐疲劳性好，吸湿性好，不耐光
特氟隆	面料的涂层保护，提供防水、防尘、防油污的性能
Gore-Tex	防水透湿，耐水压高，柔软坚韧，综合性能好，可呼吸的多功能织物
CoolMax	导湿快干面料，有着优越的保持凉爽和速干性能
Polartec	柔软轻便的保暖材料，常用于户外运动中的抓绒面料

三、典型运动女装品牌分析(表 10-6)

表 10-6 典型运动女装品牌分析

<table>
<tr><td>Adidas by Stella McCartney</td><td rowspan="2"></td></tr>
<tr><td>Adidas by Stella McCartney 是 Adidas 与英国设计师 Stella McCartney 的跨界联合品牌，这个系列专为既热爱运动又重视自身形象的当代女性设计，是专业运动功能和时尚服装相结合的典型。品牌针对不同的运动场合细分了多个产品线，包括骑行、瑜伽、游泳、网球、慢跑等</td></tr>
<tr><td>L’Etoile Sport</td><td rowspan="2"></td></tr>
<tr><td>为打造柔美与功能兼具的网球服饰，Yesim Philip 创立了品牌 L’Etoile，并将总部设于纽约公园大道。受其职业运动背景的影响，她的设计贯以温布尔登的经典白色呈现于世，以表达对网球服饰传统的崇敬之情。该品牌旗下的高尔夫球服同样时尚别致，毫不逊色——巴西精制的蕾丝边饰及产自意大利的纱线更为产品锦上添花</td></tr>
<tr><td>Lululemon</td><td rowspan="2">
</td></tr>
<tr><td>Lululemon 是加拿大第一专业运动品牌，其瑜伽和健身类运动服是最受欢迎的产品。品牌不仅仅关注的是运动产品，更提倡独特的生活方式。在纽约，每周都会举办两次开放式瑜伽课程，将瑜伽从瘦身运动转变为吸引众多人参与的集体活动</td></tr>
<tr><td>Ballet Beautiful</td><td rowspan="2"></td></tr>
<tr><td>Ballet Beautiful 的创建者 Mary Helen Bowers 曾是纽约市芭蕾舞团的一名芭蕾舞者，更是因其亲手构建 Ballet Beautiful® 健身体系而声名大噪。她受到舞蹈启发而推出的运动装束系列以轻盈舒适、富有弹力和凸显身材而著称</td></tr>
</table>

第四节 家居女装的设计

一、家居女装概述

（一）家居女装的相关概念

家居女装是在家庭或住家周围活动时穿的服装。包括睡衣、晨装、浴衣、健美衣、运动衣、劳动服（烹调、清洁用衣）等。睡衣、晨装、浴衣的设计要求是天然纤维衣料，宽松舒适，有柔和而明亮的色彩，有一种休闲感。另外三种要根据具体运用来设计，属于特殊服装设计。健美衣属体育用衣，要求高弹性的化纤面料，色彩鲜艳。运动衣不像专业体育用衣的要求，主要用作散步、跑步、整理庭院之用，要求衣料柔软，款式简单舒适，多为针织料。劳动服是做一般家务所用，要求具有护身、避脏、避油等功用，多采用紧密耐用的衣料，款式简单，但要注意有趣味性和温馨感。

（二）家居女装的历史溯源

在西方，家居服的起源要追溯到古罗马时期，当时的男子和女子居家时都会穿着一种叫做“丘尼卡”的贯头式服装，其服装形式为简单的袋状，即两片毛织物裁剪成 T 型，缝合两侧和肩部并留有领口和袖口。经过 13 世纪和 14 世纪的演变，到 17 世纪末 18 世纪初，家居服增加了许多装饰性的设计语言。此时，一种前面紧身，背部有普利兹褶饰的样式被王朝宫廷及周围贵妇所认可，篷巴杜侯爵夫人尤为喜欢，这样的穿着样式流行了几十年。到了 19 世纪初，女子的家居服样式突出高腰身和细长裙，而袖子则是强调体积感的帕夫袖。

20 世纪初的家居服崇尚奢华和繁复，以长袍式样居多，且受东方文化和舞蹈演出服影响较大。此后的几十年，尽管家居服的样式有了各种各样的改变，但还是仅仅局限在睡觉时穿着的服装。直到进入 20 世纪 90 年代，才扩大到人们在家所穿的服装这一概念（表 10-7）。

表 10-7 典型女式家居服类别

工作家居服	围裙、长罩衫、工作背带裤等
传统家居服	睡衣、睡袍、浴衣等
家居便装	套头衫、连帽衫、针织裤、吊带裙等

二、家居女装的设计重点与要求

（一）充分考虑易于穿脱、宽松舒适的功能

家居服强调穿着的舒适度，整体的造型多为宽松款，多以 H 型、O 型、A 型为主。但版型宽松并不等于臃肿，在进行家居服的结构设计时也应当考虑人体美，尤其是易发胖的中老年妇女体型，需要通过巧妙的设计和版型规避、修饰体型缺陷。同时，易于穿脱也是家居服设计的功能重点，这也是为什么市场上家居服有非常多的套头款和系带款，且裤子的腰头一般会采用松紧带的设计。

家居服要求的舒适、健康在很大程度上是从它的面料体现出来的。家居服以棉、麻、丝、脱乙酰壳聚糖等纯天然和高科技合成环保面料为生产原料，随着现代科学技术水平的提高，新型材料层出不穷，家居服还会用上具有卫生保健功能的新型材料。

（二）协调、温馨的色彩是家居女装的偏爱

色彩的选择上，自然、柔和、明亮的色彩是传统家居女装的偏爱。从色彩性格来看，这一类色彩温馨、恬静，非常符合居家的穿着环境。当然，随着家居服品类的细分，色彩的变化也越来越多，妖冶性感的酒红色、璀璨华贵的金色是丝质睡衣的常用色彩，高纯度的多色拼接也在时尚家居服中出现得越来越频繁，甚至连荧光色都出现在其中。

（三）围绕家文化、结合时尚元素进行设计

符合当下生活理念和消费理念的产品才能引起市场和购买者的共鸣。每个家庭因不同的成员结构、家庭理念和收入水平而衍生不同的生活方式，家居服的设计也应体现不同的文化内涵和风格，以应对不同生活方式的消费者。从家居服的市场出发，设计师应对目标消费群体的生活理念和生活方式进行充分调研，研究家文化的诉求和表现，通过剖析目标消费群体的生活理念、生活方式、消费观念、心理诉求等因素，同时结合时尚流行卖点，针对性地对款式、色彩、图案、面料等设计构成进行定位和糅合。

在面料的运用上，家居女装常用的面料类型及其特点可参见表10-8：

表10-8　家居女装常用面料

总　体　要　求	
亲肤贴体、飘逸、一定的保暖性，质地舒适，多为天然纤维或再生纤维素纤维	
典型面料品类	特　　色
真丝双绉	表面有细微均匀的皱纹，质感轻柔、平滑，色泽鲜艳柔美，穿着舒适、凉爽，透气性好
真丝缎	经纬均用桑蚕丝织造，系八枚缎纹组织。质地较一般织物轻薄，绸身柔软、平挺光滑。印花后光泽鲜艳，具有优良的色光
比马棉	一种细绒纤维中的超长纤维棉，绒棉细长、韧度强、染色力高
羊绒	细密、光滑、重量轻、柔软、韧性好，保暖性好，保型性好
莫代尔纤维	由产自欧洲的灌木林制成木质浆液后经过专门的纺丝工艺制作而成，是一种纤维素纤维。可自然降解，柔软、光洁，色泽艳丽，织物手感特别滑爽，布面光泽亮丽，悬垂性好，干爽、透气。
莱赛尔纤维	俗称“天丝”，以可再生的竹、木等捣碎后形成的浆粕为原料的环保纤维。舒适性高、手感滑润、易染色、光泽自然、强度高、基本不缩水，透湿透气
蕾丝	包括弹性蕾丝和无弹蕾丝，有强烈的肌理感和纹样感、透明、华丽

（四）典型家居女装品牌分析（表 10-9）

表 10-9 典型家居女装品牌分析

Olivia von Halle	
受到 20 世纪 20 年代可可・香奈儿女士以及她同时代女性在起居室所穿的睡衣裤所启发，并且由于一直向往拥有漂亮的派对后服装，前奢侈品牌顾问 Olivia von Halle 于 2011 年开始着手设计优雅的睡衣系列，并于同年在伦敦时装周上正式推出品牌。突显身材的精致剪裁和新鲜时尚的漂亮印花是品牌产品的特点	
Madeleine Thompson	
英国针织品设计师 Madeleine Thompson 以设计出优雅下班装为目标创建了同名品牌，现在已成为一线名流的时尚必备。其柔和的燕麦色、奶油色、灰色华美羊绒针织系列，让消费者的飞行旅程或居家休闲都奢华舒适	
Donna Karan Sleepwear	
Donna Karan Sleepwear 睡衣系列完美平衡了“舒适与奢华”、“实际与魅惑”。品牌以精致的细节、无暇的设计以及高质量的面料著称。它的清爽棉质睡衣裤、百搭的针织上下装睡衣、精致的真丝无袖内衣是热销卖点	
Skin	
纽约品牌 Skin 采用柔软至极的比马棉作为唯一的制衣原料，其家居服产品轻薄舒适、极致奢华。裁剪完美的坦克背心、简约纯美的三角裤——这些突显身材、高雅优美的日常单品均是品牌不可忽视的明星产品	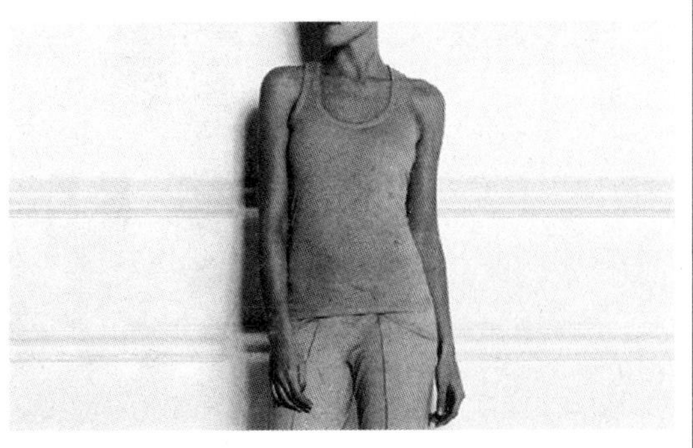

本章小结

本章分别从三个典型分类女装出发对细分女装设计的相关内容进行介绍:高级女装的设计重点与典型品牌分析,运动女装的设计重点与典型品牌分析,家居女装的设计重点与典型品牌分析。对这三类女装的概念、历史起源、设计重点尤其是面料表现进行了阐述,并举例说明了该分类领域典型女装品牌的特征。除去以上三类女装外,通勤类女装、工装、婚纱等分类也具有很大的市场份额,可通过《服装设计 5:专项服装设计》进行深入学习。

思考与练习

1. 女装分类设计还可以从哪些方面深入,它们各自有什么设计需求?
2. 家居服、内衣和运动型女装是否有共同的设计要点,表现在哪里?
3. 分别从本章中的三类女装特点出发,进行女装设计训练。

参考文献

[1] 胡迅,须秋洁,陶宁.女装设计[M].上海:东华大学出版社,2001.
[2] 陈东生,甘应进.新编中外服装史[M].北京:轻工业出版社,2002.
[3] 江平,石春鸿.服装简史[M].北京:中国纺织出版社,2002.
[4] 李当岐.西洋服装史[M].2版.北京:高等教育出版社,2005.
[5] 余玉霞.西方服装文化解读[M].北京:高等教育出版社,2005.
[6] 刘晓刚.设计风格和风格设计[J].中国纺织大学学报,1996,22(3):5-8.
[7] 黄世明.成衣设计基础篇[M].石家庄:河北美术出版社,2008.
[8] 练红.服饰导购技巧[M].石家庄:河北美术出版社,2008.
[9] 王晓威.服装设计风格[M].石家庄:河北美术出版社,2008.
[10] 王蕴强.服装色彩学[M].北京:中国纺织出版社,2006.
[11] 华梅,要彬.西方服装史[M].北京:中国纺织出版社,2008.
[12] 刘晓刚,许可.服装造型设计[M].上海:东华大学出版社,2010.
[13] 李楠.现代女装之源——1920年代中西方女装比较[M].北京:中国纺织出版社,2012.
[14] 张竞琼.现代中外服装史纲[M].上海:中国纺织大学出版社,1998.
[15] 冯泽民,刘海清.中西服装发展史[M].北京:中国纺织出版社,2005.
[16] 何国兴.颜色科学[M].上海:东华大学出版社,2004.
[17] 李鹏程,王炜.色彩构成[M].上海:上海人民美术出版社,2009.
[18] 于凯.色彩构成[M].北京:中国水利水电出版社,2009.
[19] 陈柄汗.电脑色彩构成实例教程[M].北京:机械工业出版社,2009.
[20] 色彩学编写组.色彩学[M].上海:科学出版社,2003.
[21] 濮微.服装色彩与图案[M].北京:中国纺织出版社,1998.
[22] 叶洪光,刘重嵘.服装色彩[M].上海:科学出版社,2012.
[23] 范文东.色彩搭配原理与技巧[M].北京:人民美术出版社,2006.
[24] 王革辉.服装材料学[M].北京:中国纺织出版社,2006.
[25] 吴微微.服装材料学·基础篇[M].北京:中国纺织出版社,2009.
[26] 张玲.图解服装概论[M].北京:中国纺织出版社,2005.
[27] 于根元.现代汉语新词语词典[M].北京:中国青年出版社,1994.
[28] 陈继红,肖军.服装面辅料及服饰[M].上海:东华大学出版社,2003.
[29] 王义宪,孙友梅.纺织品[M].哈尔滨:黑龙江人民出版社,1979.
[30] 杨静,秦寄岗.服装材料学[M].武汉:湖北美术出版社,2002.
[31] 贾丽华,陈朝晖.亚麻纤维及应用[M].北京:化学工业出版社,2007.

[32] 金淑秋,王革辉.纺织服装用大麻研究现状[J].针织工业,2012,(11):15-17.
[33] 于湖生.服装面料及其服用功能[M].北京:中国纺织出版社,2003.
[34] 周璐瑛,王越平.现代服装材料学[M].北京:中国纺织出版社,2003.
[35] 徐雯.服饰图案[M].北京:中国纺织出版社,2013.
[36] 于芳.服装设计中的图案应用新理念[J].武汉科技学院学报,2006,19(12):14-16.
[37] 胡嫔.图案设计[M].长沙:湖南人民出版社,2007.
[38] 张辛可.服装概论[M].石家庄:河北美术出版社,2005.
[39] 邢声远,邢宇新,史丽敏.服装服饰辅料简明手册[M].北京:化学工业出版社,2011.
[40] 王莹.成衣设计:案例篇[M].石家庄:河北美术出版社,2008.
[41] 牛海波,王丽霞,周璐.服装裁剪与缝制入门[M].北京:机械工业出版社,2013.
[42] 王秀芬.现代服装裁剪与制作[M].沈阳:辽宁科学技术出版社,2000.
[43] 朱天明,朱跃岗.服装设计大全[M].北京:中国轻工业出版社,2000.
[44] 伦费鲁 E,伦弗鲁 K.时装设计元素:拓展系列设计[M].袁燕,张雅毅,译.北京:中国纺织出版社,2010.

后　记

本教材融合了东华大学多年来服装设计教学的经验，同时结合了编者在与多家企业合作过程中得到的有关服装流行、服装设计的实际经验。以系统的框架、严谨的逻辑和通俗有效的图例引导设计师对每个环节进行学习，具有较强的实践性和指导意义，可以作为有志于从事女装行业人员的指导用书，也可以成为各大专业院校和女装设计爱好者的参考用书。

本教材从编辑约稿到最终成文，历经两年，在编写过程中，得到了曹霄洁老师、厉莉老师的帮助，以及傅白璐、阮艳雯、顾力文、王罗等博士对文中案例和图例提供的支持，在此表示衷心的感谢。

作　者